"十四五"职业教育部委级规划教材

U0747439

土家织锦技艺

叶水云　赵　静◎编著

中国纺织出版社有限公司

内 容 提 要

本书主要从土家织锦的源流、文化背景、工具与材料、织造工艺流程、色彩与图案、传承与创新设计、作品赏析等方面进行阐述，同时介绍了经典土家织锦纹样及其设计方法以及土家织锦的织造技法，注重提升学生的实际动手能力。

本书既可作为职业院校纺织类相关专业的教材，也可供纺织服装领域的设计人员、技术人员和管理人员阅读参考。

图书在版编目（CIP）数据

土家织锦技艺 / 叶水云，赵静编著 . -- 北京 ： 中国纺织出版社有限公司，2023.12
"十四五"职业教育部委级规划教材
ISBN 978-7-5229-0880-9

Ⅰ . ①土… Ⅱ . ①叶… ②赵… Ⅲ . ①土家族－织锦缎－职业教育－教材 Ⅳ . ①TS941.732

中国国家版本馆 CIP 数据核字（2023）第 157124 号

责任编辑：孔会云 责任校对：高 涵 责任印制：王艳丽

中国纺织出版社有限公司出版发行
地址：北京市朝阳区百子湾东里 A407 号楼 邮政编码：100124
销售电话：010—67004422 传真：010—87155801
http://www.c-textilep.com
中国纺织出版社天猫旗舰店
官方微博 http://weibo.com/2119887771
北京通天印刷有限责任公司印刷 各地新华书店经销
2023 年 12 月第 1 版第 1 次印刷
开本：787×1092 1/16 印张：15
字数：298 千字 定价：56.00 元

凡购本书，如有缺页、倒页、脱页，由本社图书营销中心调换

序

　　土家织锦技艺是流传于我国西南武陵山区土家族的一种古老的手工技艺，已有两千多年的历史，是历代无数土家族妇女手工艺及智慧的结晶。

　　土家织锦是一种古老珍奇的民间工艺织锦，具有古老的原始性、特殊的民族性、广泛的群众性、濒危的稀有性和绝妙的美学特征。它既是土家族艺术的瑰宝，又是中华民族民间艺术的一颗璀璨明珠，同时也是急需保护的属于全人类的非物质文化遗产。

　　叶水云老师出生于全国著名的"土家织锦"之乡龙山县苗儿滩镇叶家寨。她12岁时就开始跟随姑婆叶玉翠大师学习土家织锦技艺、民间绘画、古法草木染。由于她乖巧、踏实、听话，时常帮姑婆煮饭、洗衣，陪老人家说话，深得姑婆喜爱，得到了姑婆的真传。

　　之后，叶水云又进一步深造，完成了中专、大专、本科的学业，结识了许多良师益友，美学水平不断提升，技艺不断精进，进而成长为一代中国工艺美术大师、首批国家级非物质文化遗产土家织锦技艺代表性传承人、全国技术能手、湖南省芙蓉教学名师、享受国务院政府特殊津贴的专家，等等。

　　叶水云从艺四十余年来，一直从事职业教育工作，她一边教学，一边进行土家织锦技艺的研究，是一位土家织锦领域的资深专家。

　　土家织锦技艺主要流传于武陵山区土家族妇女中，由历代无数默默无闻的土家族妇女创造了这朵灿烂的民族民间艺术之花。但历来研究土家织锦的专家学者并不多，能系统介绍土家织锦技艺的书籍也很少。为了普及土家织锦技艺的知识，推广、传承这一宝贵的非物质文化遗产，叶水云、赵静两位老师尝试编写了这本《土家织锦技艺》工作手册式教材。

　　该教材用朴素的语言，浅显易懂地介绍了土家织锦的历史渊源、工艺特点、色彩特点、经典图案、文创产品等，是一本较系统、全面介绍土家织锦技艺的好书，也是叶水云四十余年工作的总结，是一个抛砖引玉的尝试。

傅元庆

2022年9月中秋节于吉首南华山楼

前　言

　　土家织锦也称土家锦，土家语称"西兰卡普"，是一种独特而珍贵的艺术形式，说其珍贵，不仅限于它的物理价值，也关乎它的史学价值和民族艺术价值。它既是源远流长的中国多元文化的见证者，也是诉说者。培养土家织锦技艺后备人才，保护传承土家织锦技艺，发展壮大其产业，靠的不是一个人的力量，是众多土家织锦技艺传承人充当领路人的角色，带领更多的后备人才、年轻人、爱好者加入这支队伍，这也是我们编写本书的初衷之一。

　　2006年5月，土家织锦技艺入选第一批国家级非物质文化遗产名录，其艺术风格演变经历了多个阶段。从最早的《后汉书·西南贡传》记载的賨布，到现代科研人员研发的新技法和众多设计师制作的土家织锦文创产品。千里之行，始于足下。本书将以土家织锦的历史渊源为切入点，拂去尘埃，文字如蜡烛，重新点亮土家织锦的盛世之景。同时也借土家织锦这一形式，带大家了解过去土家族人的农耕生活。

　　本书中间的篇章重点讲述了土家织锦的工具、材料和工艺流程。工具是自古以来人类造物的基础，而材料取决于特定的地理和气候环境。瑰丽的土家织锦就是由这些得天独厚的条件所发源出来的。山区、森林资源众多，成为土家族人为纱线、织物染色的后花园；栽桑养蚕，既是生活需要，也是艺术情调。一台土家族的斜织腰机造就了一片广阔的艺术天地，无论是山花还是飞禽走兽，这台织机就像是画笔、照相机，捕捉下了土家族妇女的灵感。并在这个过程中，由于技术的不断发展，工艺流程的不断改进，形成了今天的土家织锦。

　　本书后面的篇章讲述了土家织锦技艺的传承与创新，是笔者多年来科研实践的总结，也想为大家打开一种新的思路：在传承技法的基础上，如何打破既有思路，站在巨人的肩膀上，将眼光延伸到其他艺术形式，并为土家织锦技艺所用。这也将是现在和以后传承土家织锦技艺时取之不尽、用之不竭的灵感和精神力量。

　　本书模块1~4由叶水云编写，模块5、模块6由赵静编写。

　　本书得到了湖南工艺美术职业技术学院和中国纺织出版社有限公司的诸多帮助，编写过程中参考了有关土家织锦的书籍，如田明老师的著作，在此一并致以衷心的感谢。

　　虽然笔者尽心尽力地编写，但毕竟个人水平有限，肯定有许多疏漏和不足之处，只是作为抛砖引玉之用，希望更多的专家、学者和喜爱土家织锦的人士给予指正，使笔者今后有机会修订时，可将工作做得更完善。

　　另外，本教材配套的视频以二维码的形式呈现，扫二维码观看前请先下载微知库APP。

编著者

2022 年 10 月 1 日

目 录

模块1　土家织锦概述 ·· **1**

  项目1　土家织锦的源流 ·· 2

  项目2　土家织锦的文化背景 ·· 12

  项目3　培养对土家织锦的认知 ·· 26

模块2　土家织锦的工具与材料 ··· **39**

  项目1　土家织锦机的结构与工具 ·· 40

  项目2　土家织锦的材料与染料 ·· 55

  项目3　土家织锦的染色工艺 ·· 69

模块3　土家织锦上机到织造的工艺流程 ······························· **81**

  项目1　土家织锦牵经线工艺流程 ·· 82

  项目2　土家织锦牵经线中的经线上机 ······································ 95

  项目3　土家织锦织造工艺 ·· 109

模块4　土家织锦的色彩与图案 ·· **125**

  项目1　土家织锦的色彩 ·· 126

  项目2　土家织锦的传统纹样 ·· 140

模块5　土家织锦的传承与创新设计 ···································· **163**

  项目1　土家织锦的创作 ·· 164

项目2　土家织锦的创新 ·· 178

项目3　土家织锦产品设计 ··· 192

模块6　土家织锦作品赏析 ·································· **211**

参考文献·· **232**

模块 1

土家织锦概述

○ 项目1
土家织锦的源流

◎ **工作任务导入**

项目1 工作任务书	
对"锦"字的理解	"锦"是"金"和"帛"的组合，可见织锦用功之重
认识宫廷织锦及四大民族织锦	 云锦　　　　宋锦　　　　蜀锦　　　　土家锦 黎锦　　　　壮锦　　　　傣锦
土家织锦与其他民族织锦的用途	1. 云锦、宋锦、蜀锦是宫廷织锦，用于服饰品等 2. 土家锦、黎锦、壮锦、傣锦是四大民族织锦，多用于被面、服饰品等 3. "锦"在古代织物中，需要有先进的织造方法和很高的技术水平
企业行业要求	本项目在企业、行业中，要求学员能认识宫廷织锦、四大民族织锦，并了解每一种织锦的艺术特征
任务要求	本项目由2个任务要求，具体如下： 任务要求1：学习战国、汉、宋、元、明代的土家织锦知识，20分钟 任务要求2：学习清代、民国、中华人民共和国成立初期的土家织锦知识，25分钟 任务形式：阅读文本资料，上网查阅学习资料，掌握知识的重难点，扫二维码学习微课资料，加深对知识的理解 建议课时：1课时

项目 1　工作任务书	
工作标准	1.工艺染织制作工（土家织锦）职业（工种）中级 （1）掌握土家织锦的发展过程 （2）掌握土家织锦的用途 对接方式：土家织锦的发展历史、用途等理论知识的掌握 2.工艺染织制作工（土家织锦）职业（工种）初级 （1）掌握土家织锦的用途 （2）掌握土家织锦第一次到海外展出的时间、地点，"土锦"到"土家织锦"的确定时间 （3）在英国伦敦国际博览会上展出了哪几幅土家织锦 对接方式：掌握土家织锦的起始年代、形成、发展等理论知识

◎ 小组协作与分工

课前：请同学们按照男女同学各一半进行分组，了解战国时期到中华人民共和国成立初期土家织锦历史发展过程，并在下面表格中写出每位同学的专业特长与学习情况。

组名	成员姓名	专业特长	学习情况

◎ 知识导入

图 1-1-1

图 1-1-2

图 1-1-3

图 1-1-4

图 1-1-5

图 1-1-6

图 1-1-7

图 1-1-8

图 1-1-9

问题：图 1-1-1～图 1-1-9 所示的土家织锦图片中，图_____的织造年代最早，图_____的织造年代最晚，图_____是湖北江陵马山战国墓出土的织锦，图_____表现的是土家织锦被面，图_____表示小孩子的窝窝被，图_____的织锦使用的桑蚕丝材料最多。

◎ 知识准备

"锦"字，是"金"和"帛"字的组合，可见织锦用功之重。在我国古代史书典籍中，"锦"是以彩色的平纹或斜纹组织，织成色彩绚丽、花纹繁盛、技艺精湛的高级丝织物。宋戴侗的《六书故》云："织素为文曰绮，织彩为文曰锦。"

在土家语中，土家锦又被称为"西兰卡普"，"西兰"即铺盖，"卡普"是"花"的意思，也就是"打花铺盖"。土家锦是在湘西酉水流域流传很广，以作为"土花铺盖"实用为主的一种传统手工艺品，它具有浓郁的地方特色和民族特色，具有很强的地理标志作用。土家族织锦技艺是土家族传统的手工技艺之一，也是中华民族织锦工艺大家庭中的重要组成部分。在云锦、宋锦、蜀锦这三大名锦之后，她与壮锦、黎锦、傣锦合称为中国民族民间四大民族织锦。

一、战国、汉、宋、元、明代的土家织锦

早在数千年前，酉水流域的织造生产就开始了。土著居民利用当地的石头、植物原材料麻等进行织造。湘西在春秋战国之际，历来受巴楚文化习俗的影响，汉代时賨布作为土家织锦的前身，贡献于皇室。

到了宋代，由于湘西周围政治管辖名称的改变，土家织锦称为溪峒布，依然是进贡用品。

元代时，这种当地生产的布匹出现了明显的色彩鲜艳的特征，叫做"斑布"。《大明一统志》记录"土民喜服五色斑衣"，"斑布"即"土锦"。

汉代223年，诸葛亮入南平乱，不断"移民实边"，制定了"南中政策"。把农业、桑蚕、织锦及其织造技术传到西南诸少数民族地区，也对土家族织锦技艺的发展有一定影响。

整体上看，从战国时期到明代，土家织锦经历了从土著先民早期的草编及取材于植物的编织物，如树皮、麻类、桑蚕，发展到賨布、兰干细布、斑布、溪峒布的过程，经过了数千年的历史锤炼，吸取了巴楚的织造精华，经过历代千百万土家族妇女的参与和创造而独成体系的，再经过后来的演变，形成了具有浓郁湘西地域特色和民族文化特色的传统手工织造物——土家织锦。

二、清代、民国、中华人民共和国成立初期的土家织锦

清代嘉庆版《龙山县志》记载，土家族妇女织锦用来当做裙子或者铺盖，经线和纬线都用丝线，或者经线为丝，纬线为棉，采用"通经断纬"来挑织五彩的花纹。此时，土家族织锦技艺从之前的"通经通纬"工艺到清代"通经断纬"工艺基本成熟。清代时，土家族织锦技艺发展到高峰，清代嘉庆版《龙山县志》载："女勤于织，户多机声。"

民国版《龙山县志》记载有土绢，农家喂养蚕，以土法纺丝而成。土家族和苗族都善于织锦，家家户户养蚕织布。除了织锦外，还织土布、土绢，都非常细致可观。

中华人民共和国成立后，土家族织锦技艺得到党和国家的重视。1953年，在北京第一届全国工艺美术展览会上，"土锦""四十八勾"以其大器、稳健、神秘而引起轰动。当时土家族还未被确立为单一民族，"四十八勾"并不称"土家织锦"，有的叫"土锦"，而有的甚至综合称为"苗锦"。直至1957年以后，土锦随土家族的确定，正式命名为"土家织锦"或"土家锦"。叶玉翠大师与湖南省工艺美术研究所合作制作的土家锦壁挂《开发山区》及叶玉翠本人制作的《蝴蝶戏牡丹》《阳雀花》等四幅传统作品，漂洋过海，在伦敦国际博览会上展出，又一次让世界人民体会到土家锦的魅力。从此，土家锦开启了新的一页。

◎ 工作任务实施

工作任务1　土家织锦的历史渊源

学生工作手册

➤ 工作情景描述

土家织锦的设计与制作人才，首先要掌握土家织锦的历史渊源和各种理论基础知识，才能设计和制作出优秀的作品。其次是设计的作品要能给人们带来舒适和愉悦感，更重要的是，赏心悦目的土家织锦产品要能走进人们的生活中，提高人们的审美水平，给人们带来更多的实用性、观赏性，在视觉上给人美的享受和舒适感。

某就业部门或其他文化部门要经常举办土家织锦技能大赛或职业资格考试等，理论基础知识占30%，实操占70%，大赛或考试的理论基础知识要求增加土家织锦历史渊源的所有内容。

➤ 学习目标

1. 素质目标

（1）培养学生的职业道德和敬业精神。

（2）培养学生的社会责任心，要具有认真、严谨、虚心的学习态度。

（3）培养学生善沟通、能协作、高标准、重创意的专业素质。

2. 知识目标

（1）培养学生自主学习，从土家织锦的图案中学习更多的理论知识，为今后土家织锦的理论研究打下坚实的基础。

（2）掌握战国、汉、宋、元、明代的土家织锦和清代、民国、中华人民共和国成立初期的土家织锦知识。

（3）熟悉賨布是怎样发展为土家织锦的，其中经历了多少年的历史。

3. 能力目标

（1）培养学生吃苦耐劳的工匠精神，具备全面系统学习土家织锦理论知识的能力。

（2）培养学生的表达能力。

➤ 建议课时

1课时

➤ 工作流程与活动

工作活动1：任务确立（课前自习）。

工作活动2：方案制定（20分钟），课程中的重点知识点用笔作记号，加深记忆。

工作活动3：学微课（10分钟），扫二维码观看老师的微课讲解内容，理解更多知识。

工作活动4：任务评价与总结（15分钟）。

工作活动1　任务确立

一、活动思考

问题1：我们需要通过哪些学习方法获得土家织锦技能大赛题库中的知识呢？

问题2：在土家织锦的历史渊源中，哪些内容是重点呢？

二、思想提升

子曰："知之者不如好之者，好之者不如乐之者。"从这句话中，你如何理解对待学习的态度呢？

三、工作任务确定

1.在本项目的知识中，需要掌握的是：战国、汉、宋、元、明代土家织锦的内容_____还有清代、民国、中华人民共和国成立初期土家织锦的内容_____。

2.本项目需要掌握的内容是_____。

3."锦"，金也。作之，用功重，其价如金，故____是"金"和"帛"字的组合。

4.在古代织物中，"锦"需要有先进的织造方法和很高的技术水平，"锦"意味着高贵，"锦"是"_____"和"_____"的象征。

5.土家织锦是土家族传统手工技艺之一，也是中华民族织造工艺大家庭中的重要组成部分。在著名的云锦、宋锦、蜀锦这三大名锦之后，它与_____、_____、_____合称为中国民族民间四大民族织锦。

6.土家织锦以"西兰卡普"为主体，是一种在_____土家地区普及面很广，是土家族最具地方特色的艺术珍品。土花铺盖自古深受土家人民的喜爱，《大明一统治》中就有"土民喜五色斑衣"的记载，"斑布"即"土锦"，而土锦就是今土家织锦的前身。

7.西兰卡普的主要用途有_____以及小孩的窝窝被、脚被、盖裙，服装等。

8.土家织锦伴随土家族人，特别是土家族姑娘走过人生的风风雨雨，土家织锦与土家族人终生结下了不解之缘；婴幼儿时_____，长大懂事_____，结婚陪嫁_____，夫妻恩爱_____，舍巴摆手_____，祭祀先祖_____，当了外婆_____，人生去世_____，"火把酒"后_____，生生死死都不分离。土家织锦成为"姑娘"的重要标记。

9.土家织锦历史悠久，至今已经有两千多年的历史。它源于_____，初雏于_____，成形于_____，成熟于_____，_____臻于完美。这集中体现了中国少数民族织锦体系的基本特征。土家织锦是土家族传统文化的杰出代表，在整个民族工艺文化中占主要地位。

10.整体上看，从战国到明代，土家织锦经历了从土著先民早期的草编及取材于植物的编织物，如树皮、麻类、桑蚕，发展到_____、_____、_____的过程，经过了数千年的历史锤炼，经过历代千百万土家族妇女的参与和创造，形成了具有浓郁湘西地域特色和民族文化特色的传统手工织物——土家织锦。

工作活动2　方案制定

一、活动思考

思考1：如何学好土家织锦专业基础知识？

思考2：如何快速掌握土家织锦从战国到明清时期发展变化的知识点？

二、思想提升

苏轼的《晁错论》中有："古之立大事者，不惟有超世之才，亦必有坚忍不拔之志。"在学习和认识土家织锦历史发展及特点的过程中，如果遇到困难和知识难点，应该如何用这句话鼓励和帮助自己坚持学习呢？

三、活动实施

活动步骤	活动要求	活动安排	活动记录
步骤一 学习方法与练习	在学习过程中，要想取得扎实的理论基础知识，就必须通过学习文本资料及重难点知识，参考资料，练习习题，才能加深知识的记忆	自主学习模块1项目1的内容，多做笔记，加深记忆	在学习过程中，多读书，要养成做笔记的好习惯
步骤二 加深专业知识的理解	通过看微课，学习模块1项目1土家织锦的形成及用途等知识，加强对土家织锦历史发展理论知识的学习和理解	先看微课中的知识，进一步加强对土家织锦各种知识的理解	从图片、视频和老师讲解中进一步加深理解
步骤三 学会提出问题和总结问题的能力	通过学习，把模块1项目1的所有知识融会贯通，能快速总结土家织锦从战国到明清时期的土家织锦发展过程	从微课和文本中找到重难点	能归纳和总结各种知识，能回答各个时期土家织锦的发展变化等内容

工作活动3　学微课

土家织锦历史渊源：
战国、汉、唐、宋、
明代的土家织锦

工作活动 4 任务评价与总结

一、评价

一级指标	序号	二级指标	序号	评价内容	权重	自评	互评	教师评
工作能力（30分）	1	思维能力	1	能够从不同的角度提出问题，并考虑解决问题的方法	1			
	2	自学能力	1	能够通过已有的知识经验独立获取新的知识信息	1			
			2	能够通过自己的感知和分析正确地理解新知识	1			
	3	实践创作能力	1	能够根据自己获取的知识完成工作任务	5			
			2	能够规范、严谨地撰写学习的重难点知识	5			
	4	创新能力	1	在小组讨论中能够与他人交流自己的想法，敢于标新立异	5			
			2	能够跳出固有的课内课外知识，提出自己的见解，培养创新性思维	5			
	5	表达能力	1	能够正确组织和表达自己对土家织锦历史渊源的见解	5			
	6	合作能力	1	能够为小组提供信息，质疑、归类、阐明观点	2			
学习策略（20分）	1	学习方法	1	根据本次的工作任务对自己的学习内容进行归纳，进行分析	10			
	2	自我调控	1	能根据本次工作任务，正确讲述土家织锦的历史发展过程	4			
			2	能够正确运用各种学习资料，掌握土家织锦历史发展的更多知识	2			
			3	能够有效利用各种学习资源，提高自己的学识水平	4			

续表

一级指标	序号	二级指标	序号	评价内容	权重	自评	互评	教师评
学习得分（50分）	1	职业岗位能力	1	掌握土家织锦从战国时期到中华人民共和国成立初期的理论知识	10			
			2	观看土家织锦作品和其他几大织锦作品的实物或图片后，能准确地表达每幅作品属于哪个民族的织锦	10			
			3	依照土家织锦地方标准（DB 43T 1019），能正确撰写土家织锦历史发展过程的知识要点	30			
总评								

二、总结

反思	
改进	

○ 项目2

土家织锦的文化背景

◎ 工作任务导入

项目2　工作任务书	
学习内容	本项目主要学习土家织锦工艺文化、民俗文化等内容。包括以下知识点：湘西酉水河是土家族生息繁衍的集居地，石器时代，土著先民就懂得利用野生纤维进行"织造"；"织锦之乡"的苗儿滩，商周遗址发现大量石纺轮、陶纺轮、网坠和骨针等原始织造工具和彩色陶片等物品；土家织锦的主要用途，包括土家织锦被面、小孩窝窝被等
土家织锦的工艺文化	土家族先民早期在织造过程中，就能利用纯天然植物把野生纤维葛麻染成各种不同的颜色，使土家织锦的色彩古朴厚重。在牵经线过程中采用的原理是最科学的，计算筘幅的宽度，计算多少个筒，要牵多少手经线以及经线的长度等 　　土家织锦有四种织造方法：织布边、织对斜、织上下斜、斜纹抠斜。在色彩上分为双色和多色两种色彩构成
土家织锦的民俗文化	土家织锦是实用性很强的民间手工艺品，土家织锦主要是用于做铺盖面子，还用于民俗和祭祀。大摆手活动时，土家族男人身披土家织锦以象征古代的铠甲，小摆手活动时，将土家织锦陈列或挂上以示民族的"图腾"。土家族的婚娶最重要的嫁妆就是土家织锦被面，土家织锦被面越多，表示父母亲越富有、越大方，同时也展示了土家姑娘的聪明才智 　　在土家族的生活习俗中，做了外婆要送织锦，就是外婆给外甥准备的第一份礼物是窝窝被，其中的纹样盖裙图案必须是"台台花"，给小孩盖的被子是小白梅，纹样的寓意是保佑孩子健康成长。老人去世也要用土家织锦盖在棺木上，伴随老人家走完人生的最后一程。土家织锦应用于土家族生活的方方面面 　　土家织锦中的"台台花""阳雀花""蛇花""太阳花"从不同的角度，隐喻着土家族源和祖先的崇拜 　　祭祀及逢年过节时，土家族都要敬奉土王，将土王视为土家的族祖，因而，就有了"土王一颗印""土王五颗印""四凤抬印"一系列土家织锦纹样
企业行业要求	本项目要求学员在企业、行业培训中，掌握土家织锦的工艺文化、民俗文化等知识点
任务要求	本项目有2个任务要求，具体如下： 　　任务要求1：学习土家织锦工艺，15分钟 　　任务要求2：学习土家织锦的民俗文化知识，30分钟 　　任务形式：阅读学习资料，掌握重难点知识，扫二维码学习微课知识 　　建议课时：1课时

续表

项目2　工作任务书	
工作标准	1.工艺染织制作工（土家织锦）职业（工种）中级 （1）掌握土家织锦工艺中野生纤维葛麻的染色知识 （2）掌握土家织锦工艺中的牵经线方法 （3）掌握土家织锦的四种织造方法 （4）掌握土家织锦的双色和多色织锦 （5）掌握土家织锦图案"四十八勾""台台花"的含义 （6）掌握土家族的节日，如春节、四月八、六月六、七月半等 对接方式：掌握土家织锦工艺文化、民俗文化的理论知识 2.工艺染织制作工（土家织锦）职业（工种）初级 （1）掌握土家织锦工艺文化、民俗文化等各种知识 （2）掌握土家织锦的材料、牵经线的方法、织造方法、色彩分类及用途 （3）掌握土家织锦的用途，土家织锦图案"四十八勾"的用途，土家族的节日等知识 对接方式：掌握土家织锦的用途、图案的含义、"四十八勾"图案的特殊用法等知识

◎ 小组协作与分工

课前：请同学们按照男女同学各一半进行分组，掌握土家织锦的用途及文化背景，并在下面表格中写出每位同学的专业特长与学习情况。

组名	成员姓名	专业特长	学习情况

◎ 知识导入

图 1-2-1

图 1-2-2

图 1-2-3

图 1-2-4

图 1-2-5

图 1-2-6

图 1-2-7

图 1-2-8

图 1-2-9

图 1-2-10

图 1-2-11

图 1-2-12

图1-2-13

图1-2-14

图1-2-15

图1-2-16

图1-2-17

问题：图1-2-1~图1-2-17中，图_____表示土家织锦的材料，图_____表示正在染织锦材料，图_____表示土家织锦的牵经线过程，图_____表示土家织锦的织造过程，图_____表示单色织锦，图_____表示多色织锦，图_____表示土家织锦用于结婚的嫁妆，图_____表示外婆送给外甥的第一件礼物，图_____表示土家织锦象征战争的铠甲，图_____表示土家族的传统节日。

◎ 知识准备

一、土家织锦的工艺文化

土家族先民早期在织造过程中，就能利用纯天然植物把野生纤维葛麻染成各种不同的颜色。在牵经线过程中，把山竹锯成20cm左右的竹筒作纱筒，利用传统纺车使用不同材料如麻、丝、棉等做经纬线。土家织锦在牵经线过程中采用的原理是非常科学的，牵经线前首先计算筘幅的宽度，数竹筘的筘眼，根据一个筘眼装两根线，再计算需要多少个筒、要牵多少手经线以及经线的长度。牵经线的方法科学、简单，容易操作。

土家织锦机在织造过程中，由于土家族先民的聪明才智，看似只由几根木条和几根竹竿组成的简单织机，却具有所有现代纺织的原理，包括三页综。其中最关键的是篙筒，篙筒摆放的位置不同，所代替综的页数不同。

织造传统图案每个人可以根据自己的喜好变换颜色，但图案不可改变。分析其原因在于，土家织锦的传统图案本身较复杂，很多是二方连续、四方连续，或对称式或平衡式图

15

案，对于没有学习过设计和画图稿的织女来说，贸然改变图案，会造成上下衔接不上或图案错乱，加大织造难度，降低生产速度，所以织造传统图案默认为可以改变颜色，但不可以改变图案。

总的来说，土家织锦一共有四种织造技法：织布边、织对斜（平纹）、织上下斜（斜纹）和斜纹抠斜。其中，对斜类似于现代梭织中的经重平结构，主要用作墙饰土家织锦的上下"档头"和一些简单图案。而上下斜主要用于主体图案，上下斜比对斜的织造工艺稍微复杂一些，例如，在土家织锦传统图案《燕子花》中，档头中的猴子手图案就是运用了对斜结构，而主体图案的燕子运用了上下斜结构。斜纹抠斜是在斜纹的基础上进行某根线条对齐，需要抠斜，对齐需要抠的直线，图案《椅子花》就是如此，采用上下斜和斜纹抠斜结构。双色的平纹素色织锦大部分是蓝底白花或白底蓝花，白底蓝花是早期土家织锦被面的形式，永顺对山地区的平纹素色图案较多。

土家织锦分为双色和多色两种色彩，均采用以图案为基础的"通经暗纬，从织物背面断纬挖花"的织造方法。多色土家织锦带给人的直观视觉感受是整体色块突出，图案具有立体特征，大色块和补色的运用使色彩对比强烈。单色合股线作为经线，多色线的组合作为纬线，因此由于线的密度原因，图案不显露经线和暗纬，于是形成马赛克般的块状颗粒感。仅有两种颜色的织锦具有空旷的禅意和中国画中的"留白"美感，在触觉上具有厚拙感，体现的是简洁美。

二、土家织锦的民俗文化

土家织锦是一种实用性很强的民间手工艺品，其实用功能表现在虚实两方面。首先，土家织锦主要用于铺盖面子，而铺盖又是人们最普通的生活用品，铺盖的暖和、厚实、耐用是最起码的要求。其次，土家织锦还用于民俗和祭祀，大摆手活动时，土家族男人身披土家织锦跳摆手舞以象征古代的铠甲（图1-2-18），小摆手活动时，本民族系或某家族内进行的活动，规模相对较小，内容以生产生活为主，所敬奉的一般多为土王或本宗族系的先祖、英雄，将土家织锦挂上以示民族的"图腾"。特别是"台台花"之类具有特殊"功能"织锦，土家族人认为其有避邪免灾和保护小孩的作用，也是另一种意义上的实用功能的体现。

图1-2-18　土家族摆手舞（图片来源：田明《土家织锦》）

土家族的婚娶最重要的嫁妆就是土家织锦被面（图1-2-19），土家织锦被面越多，表示父母亲越富有、越大方。同时也是展示土家姑娘的聪明才智和女红活做得如何。土家姑娘一般从12岁开始学习织锦，在学习过程中，通过对色彩的运用和掌握，姑娘会把自己对美好生活的向往和一生的幸福表达在织锦中。

图1-2-19　结婚时少不了的土家织锦被面

在土家族的生活习俗中，做了外婆要送织锦（图1-2-20），外婆给外孙准备的第一份礼物就是全套的窝窝被，其中的盖裙图案必须用"台台花"（图1-2-21），给小孩盖的被子是小白梅，"台台花"纹样的寓意是保佑小孩健康成长。

土家织锦伴随着土家人的一生，从衣着服饰、结婚、生小孩、到老人家去世，都少不了土家织锦。老人去世要用土家织锦盖在棺木上，伴随着老人家走完人生的最后一程。土家织锦用于土家族人生活的方方面面。

图1-2-20　外婆送的织锦

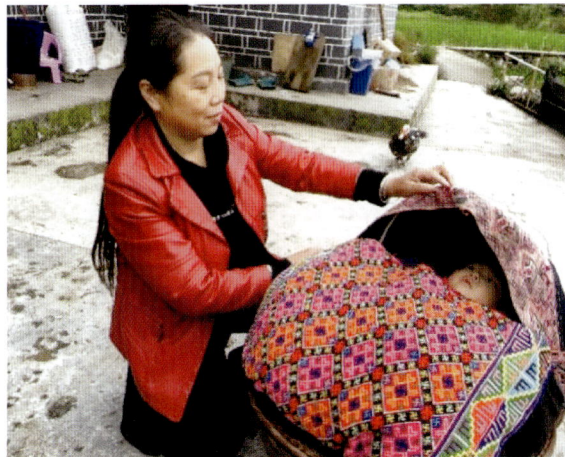

图1-2-21　土家织锦"台台花"盖裙、窝窝被

语言是一个民族的重要特征，共同语言是形成民族完整性的必要条件之一，对一个民族的生存、发展和形成起着重大的作用。土家族有自己的语言，但没有文字。土家语属汉藏语系藏缅语族。

明清以前的土家人基本用土家语作为日常交流的工具，但文字记载一直通用汉文。随着文化、教育、经济、交通的不断发展，土家人与汉文化的关系日益密切，特别是20世纪50年代以后，使用土家语的人数逐渐缩减。

土家族有自己民族传统的节日庆典，通过这些节日庆典，可以探索到土家文化的渊源，感受到土家人对美好生活的向往以及土家人的纯朴感情。土家族的主要传统节日有春节、四月八、六月六、七月半等。而传统庆典主要是摆手活动，有的地方叫"调年"，土语称"舍巴日"。

西水流域的土家地区历史上曾是"楚南"的辖地，因此"楚巫"遗风的"信鬼巫，重人祠"的习俗较重，而这种"鬼神"信仰又是以信仰祖先和自然崇拜为特征而体现的。土家人所敬奉的八部大王、向老官人、彭公爵主、禀君、白帝天王都是民族的先祖，而阿米妈妈、椿粑麻妈、梅山女神都是大自然的化身。这种信仰崇拜与土家族的历史发展和社会生活密不可分，土家织锦中的"台台花""蛇花""太阳花""阳雀花"等都从不同的侧面隐喻土家族源和对祖先的崇拜。

"土王庙（祠）"遍及西水流域各地，兼作"摆手堂"之用。祭祀及逢年过节时，都要敬奉土王，将土王视为土家的族祖。因此就有了"土王一颗印""土王五颗印""四凤抬印"一系列土家织锦传统纹样（图1-2-22~图1-2-24）。特别是在以祭祀祖先为主的土家族小摆手活动中，由于家庭中只有本家祖先的神龛，而无土家民族祖先的神位，所以往往将土家织锦四十八勾摆于其上，从而成为类似民族"图腾"的神物。基本都是由道士主持，佛教则是明清以后才进入土家地区的，在民间普及面也很广，所以，土家织锦中的"扎土盖""卍"及变异的勾纹，或多或少都融入了道教和佛教的某些观念。

图1-2-22 传统纹样"台台花"盖裙

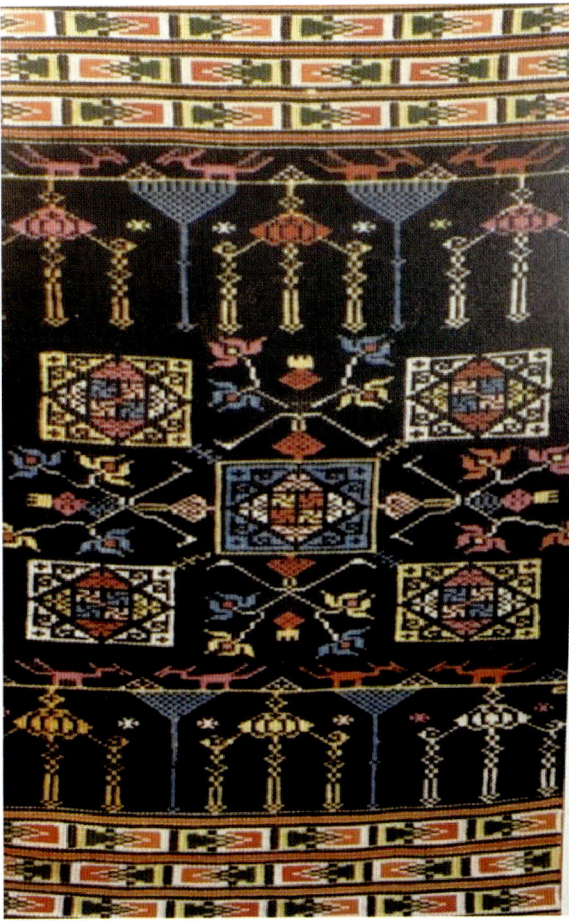

图1-2-23 传统纹样"土王五颗印"

图1-2-24 传统纹样"四凤抬印"(叶水云作品)

◎ 工作任务实施

工作任务2　土家织锦的文化背景

学
生
工
作
手
册

▶ 工作情景描述

土家织锦的设计与制作人才，首先要掌握土家织锦历史渊源等理论知识，才能更好地设计和制作出优秀作品。其次所设计的作品要从传统织锦元素中再次创新，才能创作出赏心悦目的作品，提高人们的审美水平，给人们带来更多的实用性、观赏性，在视觉上给人享受美感和舒适感，这才是我们要学习历史渊源的目的。

某就业部门或文化部门，要经常参加土家织锦技能大赛或其他技能考试，考试内容要求增加土家织锦理论基础知识，理论基础知识占30%，实操占70%，理论基础知识包括土家织锦历史渊源中的所有内容。

▶ 学习目标

1. 素质目标

（1）培养学生要有职业道德和敬业精神。

（2）培养学生有社会责任心，要有认真、严谨和虚心学习的态度。

（3）培养学生精通各种理论知识，善沟通、能协作、高标准、重创新的专业素质。

2. 知识目标

（1）培养学生自主学习，掌握土家织锦的各种理论知识，为今后进行土家织锦理论研究打下坚实的基础。

（2）掌握土家织锦的工艺文化、土家织锦的民俗文化。

（3）总结土家人在生活的哪些方面与土家织锦息息相关。

3. 能力目标

（1）培养学生吃苦耐劳的工匠精神，具备全面系统学习土家织锦理论知识的能力。

（2）培养学生的表达能力。

▶ 建议课时

1课时

▶ 工作流程与活动

工作活动1：任务确立（课前自习）。

工作活动2：方案制定（10分钟），课程中的重点知识点用笔作记号，加深记忆。

工作活动3：学微课（20分钟），扫二维码观看老师的微课内容，理解更多知识。

工作活动4：任务评价与总结（15分钟）。

工作活动1　任务确立

一、活动思考

思考：需要掌握土家织锦的工艺文化、民俗文化中哪些重点知识？

二、思想提升

"觅句新知律，摊书解满床"。从杜甫的这句诗中，你是如何理解读书及学习的方法和途径的？

三、工作任务确立

1.本项目需要掌握的知识是土锦织锦的_____文化、_____文化的内容。

2.本项目需要掌握的内容是_____知识，还有_____知识点。

3.土家先民早期在织造过程中，她们就能利用纯天然植物把_____染成各种不同的颜色。

4.土家织锦的幅宽由_____决定。

5.土家织锦的织造技法有_____、_____、_____、_____四种。

6.土家织锦分为_____和_____两种色彩。

7.土家织锦是一种_____的民间手工艺品，其实用功能表现在_____两方面。

8.土家族的婚娶最重要的嫁妆就是_____被面，土家织锦被面越多，表示家里越富有、父母亲越大方。同时也是展示土家姑娘的_____和女红活做得如何。

9.大摆手活动时，土家男人身披土家织锦以象征古代的_____。

10._____图案，用于小孩窝窝被，土家人认为它有避邪免灾和保护小孩的作用。

11.土家族有语言，没有_____。

12.土家族的主要传统节日有_____、_____、_____、_____等。而传统庆典主要是_____活动，有的地方叫"调年"，土语称_____。

13.土家人所敬奉的_____、_____、_____、_____、_____都是民族的先祖。

工作活动2　方案制定

一、活动思考

思考1：为什么说土家族民俗文化是土家织锦工艺的文化背景？

思考2：如何讲好土家织锦工艺文化和民俗文化中的相关故事？

二、思想提升

《孟子·告子》中有："心之官则思，思则得之，不思则不得也。"通过这句话，怎样深入领会在色彩实践创作中思考与动手之间的关系？

三、活动实施

活动步骤	活动要求	活动安排	活动记录
步骤一 学习方法与练习	在自学过程中，要想取得扎实的理论基础知识，就必须通过学习文本资料、网上查阅资料、参考各种学习资料和练习习题，才能加深理论知识的理解	自主学习模块1项目2土家织锦的工艺文化、民俗文化、宗教文化等学习内容	在学习过程中，通过看书学习，做笔记、划重难点的学习好习惯
步骤二 加深专业知识的理解	通过看微课，学习模块1项目2土家织锦的工艺文化、民俗文化、宗教文化等知识，加强对土家织锦材料、工艺、用途、语言、节庆等理论知识的进一步学习理解	从微课中进一步加强对土家织锦的文化背景知识的理解	从图片、视频和老师讲解中的文字进一步加深理解、记录
步骤三 学会提出问题和总结的能力	通过各种学习，把模块1项目2的所有知识融会贯通，能快速回答问题，提高归纳和总结土家织锦的工艺文化、民俗文化、宗教文化的能力	从微课、文本资料、其他各种资料中找到本章节重难点知识	能组织语言，归纳各个知识点，记录在学习笔记上

工作活动3　学微课

土家织锦的工艺文化　　　土家织锦的民俗文化　　　土家织锦的宗教文化

工作活动4　任务评价与总结

一、评价

一级指标	序号	二级指标	序号	评价内容	权重	自评	互评	教师评
工作能力（30分）	1	思维能力	1	能够从不同的角度提出问题，并考虑解决问题的能力	1			
	2	自学能力	1	能够通过已有的知识经验独立获取新的知识	1			
			2	能够通过自己的感知，分析问题来正确地理解新的知识	1			
	3	实践创作能力	1	能够根据自己获取的知识完成工作任务	5			
			2	能够规范、严谨地撰写学习的重难点知识	5			
	4	创新能力	1	在小组讨论中能够与他人交流自己的想法，敢于标新立异	5			
			2	能够跳出固有的课内课外知识，提出自己的见解，培养自己的创新性	5			
	5	表达能力	1	能够正确地组织和表达自己对土家织锦文化背景知识的见解	5			
	6	合作能力	1	能够为小组提供信息，质疑、归类、阐明观点	2			
学习策略（20分）	1	学习方法	1	根据本次的工作任务对自己的学习内容进行归纳，进行分析	10			
	2	自我调控	1	能根据本次工作任务，正确地讲述土家织锦文化背景的各种知识	4			
			2	能够正确地运用各种学习资料，掌握土家织锦文化背景的更多知识	2			
			3	能够有效地利用各种学习资源，提高自己的学识水平	4			

一级指标	序号	二级指标	序号	评价内容	权重	自评	互评	教师评
学习得分（50分）	1	职业岗位能力	1	掌握土家织锦的工艺文化、民俗文化、宗教文化的理论知识	10			
			2	看土家织锦实物或其他民俗文化、宗教文化等图片后，能准确地表达每一幅图片在当时的文化背景	10			
			3	依照土家织锦行业标准，能正确的撰写土家织锦文化背景的知识要点	30			
总评								

二、总结

反思	
改进	

○项目3

培养对土家织锦的认知

◎ **工作任务导入**

项目3　工作任务书	
学习内容	本项目主要学习土家织锦的传说。土家织锦的传说由中国工艺美术大师叶玉翠老人讲述，并创造性地发展和丰富了土家织锦。她讲述的"西兰卡普"故事很美，也很悲切，感人至深
土家织锦的传说	在湘西流传着一个与土家织锦相关的凄美传说。西兰姑娘心地善良、善于编织，除了白果花外，她织遍了所有图案。白果花在半夜开放，西兰姑娘晚上去看白果花开的途中，哥哥听信嫂嫂的谗言，将西兰姑娘杀害，从此西兰姑娘无法再完成这个纹样，后来由她母亲制作完成了"白果花"这个纹样。这个美丽的传说流传下来，并在人们心中留下了对土家织锦的深刻印象
土家族和土家织锦的分布	土家族自称"毕兹卡"，是一个历史悠久、勤劳勇敢的民族。两千多年前的商周时期就定居于武陵山区，并在此繁衍生息。土家族主要分布于湘、鄂、渝、黔四省交界地区。特别是湘西酉水河流域是土家族的主要聚集区，这里从事土家织锦人员较多，在龙山县苗儿滩一代八十多岁的老人中从事织锦的人也很多，年轻的有中国工艺美术大师、国家级非物质文化遗产土家族织锦技艺代表性传承人叶水云，国家级非物质文化遗产土家族织锦技艺代表性传承人刘代娥，以及省级、州级代表性传承人 　在湖南的张家界、重庆的黔江、秀山等地也有省级土家族织锦技艺项目和省级土家族织锦技艺代表性传承人等，带领学生和徒弟进行土家织锦的传承学习活动
企业行业要求	本项目在企业、行业培训中，要求学员掌握土家织锦的传说、土家族和土家织锦的分布等知识
任务要求	本项目有2个任务要求，具体如下： 　任务要求1：学习土家织锦的传说，20分钟 　任务要求2：学习土家族和土家织锦分布的所有知识，25分钟 　任务形式：阅读学习文本资料，网上查阅资料，掌握其中的重难点知识，扫二维码学习微课知识加深记忆 　建议课时：1课时

项目 3　工作任务书	
工作标准	1.工艺染织制作工（土家织锦）职业（工种）中级 （1）掌握土家织锦的传说（西兰姑娘和白果花的传说） （2）掌握土家族的分布情况 （3）掌握土家织锦的分布情况及从事土家织锦的国家级、省级、州级代表性传承人以及传承土家织锦的现状 对接方式：掌握土家织锦的传说 2.工艺染织制作工（土家织锦）职业（工种）初级 （1）掌握土家织锦的传说和土家织锦传说中"白果花"的由来 （2）掌握土家织锦的各种图案的由来和不断创新衍变 （3）掌握土家织锦中每个纹样的故事 对接方式：掌握土家织锦各种传统图案的故事

◎ 小组协作与分工

课前：请同学们按照男女同学各占一部分分组，掌握土家织锦分布情况，并在下面表格中写出每位同学的专业特长与学习情况。

组名	成员姓名	专业特长	学习情况

◎ 知识导入

图1-3-1

图1-3-2

图1-3-3

图1-3-4

图1-3-5

图1-3-6

图1-3-7

问题：图1-3-1～图1-3-7中，图_____表示土家织锦的传说，图_____表示"白果树"，图_____所示是永顺对山九十多岁的张家英老人在织锦，图_____所示是龙山苗儿滩一代的土家族老艺人在织土家织锦，图_____所示是湘西龙山苗儿滩一带土家族妇女学习土家织锦。

◎ 知识准备

一、土家织锦的传说

土家织锦"西兰卡普"的传说是中国工艺美术大师叶玉翠老人讲述的。叶玉翠老人终生从事土家织锦的传承，并创造性地发展和丰富了土家织锦。她讲述的故事是"西兰卡普"的由来，一个叫西兰的土家姑娘，心灵手巧，善织一手好锦。她织完了天上的彩虹云霞，地上的山花走兽，听说白果是在半夜开花，而且只有一个时辰，即"寅时开花卯时谢"，相传白果花（银杏花）最美丽，她就想把美丽的白果花织进土家织锦里。为此，她常常在晚上一个人去后山等待白果花开。可是，好吃懒做的嫂嫂嫉妒西兰姑娘，在哥哥面前说西兰姑娘晚上去会情人，喝醉酒的哥哥听信嫂子的谗言，将西兰姑娘打死在白果树下。可怜的西兰姑娘死后化为一只小鸟，叫"白果鸟"。白果鸟天天在房前屋后叫着，"门前叽叽喳喳，后院白果开花，嫂嫂是非小话，哥哥错把我杀。"哥哥听后痛苦万分，为了纪念妹妹，忏悔自己的过失，便把西兰姑娘织的锦做成被子盖在身上，白果鸟这才飞回大自然。人们为了纪念西兰姑娘，都让自己的女儿从小学织西兰卡普，并把它做成被子，当作女儿最珍贵的嫁妆。所以，土家织锦就叫做"西兰卡普"。

听着对美追求的西兰姑娘的故事长大的土家姑娘们，从小就有织花梦。西兰卡普的传统纹样白果花，体现了土家织女智慧的结晶。纹样上方是两朵未开放的白果花，两边是白果树，树的中间住着两只白果鸟。左右两边有茂密的白果树枝叶，连接两边的白果树下有一条横线，这条横线表示一条凳子，是西兰姑娘坐在树下的长凳子上等待白果花开。西兰姑娘死后，西兰姑娘的妈妈把白果花织完了，完成了女儿的心愿，就是现在的白果花纹样（图1-3-8）。

图1-3-8 传统纹样白果花

这个故事在全国流传很广，影响较大，许多人了解土家织锦，都是从这个故事开始的。久而久之，"西兰卡普"逐渐成了"土家织锦"的代名词，也成为人们认识了解土家民族的重要窗口。

然而，"西兰卡普"故事的原型却是从《摆手歌》和《梯玛神歌》中的"白果姑娘"及"选（白果）花"衍生出来的。由于土家族无文字记载，所以这些美丽的传说都是以土家语的方式表述，而且纳入了威严的"梯玛"仪式之中，由"梯玛"代代传承，可想而知，土家织锦"西兰卡普"在土家传统文化中的地位和重要性。

二、土家族和土家织锦的分布

土家族自称"毕兹卡"，是一个历史悠久、勤劳勇敢的民族。两千多年前的商周时期就定居于武陵山区，并在此繁衍生息。土家族主要分布于湘、鄂、渝、黔四省边界地区，即湖南省湘西土家族苗族自治州和张家界市，湖北省恩施土家族苗族自治州和宜昌市，重庆的黔江市和贵州省的铜仁市等地区图1-3-9所示为土家族人居住的吊脚楼。

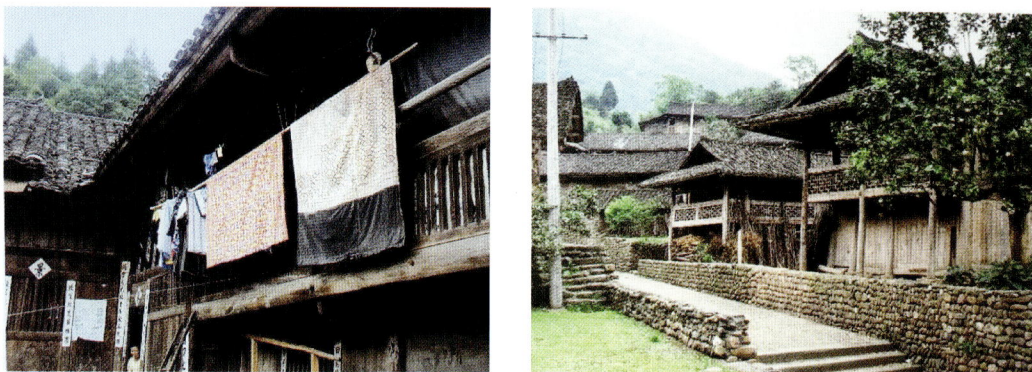

图1-3-9　土家族吊脚楼（图片来源：《湖湘织锦》）

土家族有聚居和杂居之分，以武陵山区为主体，北起长江巫山，南到雪峰山下，东始湖南石门，西抵重庆涪陵，是一个长宽均为千里之遥的区域。俗话说：十里不同音，百里不同俗。由于土家族是个多部族的民族复合体，因此各地的土家族人在语言习俗、信仰禁忌等方面都存在一定差异。考虑到诸多的因素，将现在的土家族分成以清江流域和酉水流域为主的两大块。

武陵山区是土家族生息繁衍的集居地，酉水流域是土家织锦的策源地。

土家织锦是以酉水河苗儿滩镇为中心，在武陵山区的湘、鄂、渝、黔四省边的土家族妇女中传承的一种传统"女红"。其始于秦汉，发展于唐宋，兴盛于明清，复兴于当代。

从以往的记载看，清代、民国时期，龙山县酉水河畔的苗儿滩镇，永顺县、古丈县、保靖县等地，土家族姑娘都有从十来岁就开始学习土家族织锦技艺、自己织锦准备嫁妆的习俗。在龙山县、永顺县等地，现在仍可看见70~90岁的老奶奶仍在家专心致志织锦的场面。苗儿滩镇梁家寨80多岁的梁财富、叶家寨80多岁的王云翠、永顺对山寨90多岁的张家英等老人仍在坚持织锦，令人钦佩。在永顺调研时发现了张家英老人的织锦机，与龙山地区的织锦机在组装鸟儿（鱼儿）上有区别，永顺地区织机中的鸟儿是装在织锦机的内侧，而龙山织锦机中的鸟儿是装在织机的外围，但用途是一样的。

在调研中发现，湘西酉水河流域是土家族的主要聚集区，这里从事土家织锦人员多，像永顺对山寨90多岁的张家英老人，一直从事织锦、带徒弟等活动。保靖普戎地区有省级传承人田明花，一直从事土家织锦，并带有徒弟。在龙山县苗儿滩一带，八十多岁的老人仍然从事织锦的人也很多，有叶家寨80多岁的王云翠（图1-3-10）、黎世英、梁家寨八十多岁的梁财富等老艺人，有中国工艺美术大师、国家级非物质文化遗产土家族织锦技艺代表性传承人叶水云，国家级非物质文化遗产土家族织锦技艺代表性传承人刘代娥，以及省级、州级代表性传承人等，加上苗儿滩一代从古到今就有土家族妇女长期从事土家族织锦技艺的习俗，有一大批织锦能手，农闲时织造土家织锦陪嫁的嫁妆被面及小孩的窝窝被等（图1-3-11~图1-3-14）。

图1-3-10　王云翠（已故）老艺人在织锦

图1-3-11　织锦场景

图1-3-12　叶水云与永顺对山90多岁织锦
　　　　　 老艺人张家英在一起

图1-3-13　黎成凤师傅带徒弟学习
　　　　　 土家族织锦技艺

图1-3-14　叶水云与织锦老艺人黎世英（已故）、王云翠（已故）在一起学习织锦

　　在湖南张家界也有省级土家族织锦技艺项目和省级土家族织锦技艺代表性传承人，湖北恩施州及来凤县有省级土家族织锦技艺非遗项目和省级土家族织锦技艺代表性传承人，她们大多以制作艺术壁挂为主。重庆的黔江、秀山等地也有省级土家族织锦技艺非遗项目和省级土家族织锦技艺代表性传承人，他们积极带领当地土家姑娘和高校学生学习土家族织锦技艺。

◎ 工作任务实施

工作任务3　对土家织锦的认知

学生工作手册

▷ 工作情景描述

　　某就业部门或文化部门要举办土家织锦技能大赛或职业资格证的考试，大赛要求考试土家织锦理论基础知识，理论基础知识占30%，实操占70%，理论基础知识考试内容包括土家织锦的传说以及土家族和土家织锦分布的所有内容。

　　学习土家族织锦技艺，首先要认识土家织锦，掌握了土家织锦的文化背景，才能设计出各种优秀的土家锦织锦创新产品。

▷ 学习目标

1. 素质目标

　　(1) 培养学生的职业道德和敬业精神。

　　(2) 培养学生的社会责任心，认真、严谨的工作态度和虚心学习的态度。

　　(3) 培养学生掌握理论知识，善沟通、能协作、高标准、重创新的专业素养。

2. 知识目标

　　(1) 培养学生能自主学习的能力，掌握土家织锦的理论基础知识，为今后的创新设计打下坚实的基础。

　　(2) 掌握土家织锦的传说以及土家族和土家织锦的分布。

　　(3) 讲述土家织锦白果花传统纹样的由来，以及土家族织锦技艺传承人的分布情况。

3. 能力目标

　　(1) 培养学生吃苦耐劳的工匠精神，具备全面系统学习土家织锦理论知识的能力。

　　(2) 培养学生的表达能力。

▷ 建议课时

　　1课时

▷ 工作流程与活动

　　工作活动1：任务确立（课前自习）。

　　工作活动2：方案制定（10分钟），课程中的重点知识点用笔作记号，加深知识点的记忆。

　　工作活动3：学微课（20分钟），扫二维码观看老师的微课内容，理解更多理论知识。

　　工作活动4：任务评价与总结（15分钟）。

工作活动1　任务确立

一、活动思考

思考1：广为流传的关于土家织锦的故事是什么？

思考2：目前土家织锦广泛分布于哪些地方？

二、思想提升

"学之广在于不倦，不倦在于固志。"你是如何理解晋代葛洪勤奋好学的呢？

三、工作任务确立

1.在项目中，需要掌握的知识点有土锦织锦传说中的＿＿＿＿＿＿故事。

2.土家族和土家织锦分布在＿＿＿＿＿＿＿、＿＿＿＿＿＿＿、＿＿＿＿＿＿＿、＿＿＿＿＿＿＿。

3.湘西土家织锦国家级传承人有＿＿＿＿＿＿、＿＿＿＿＿＿。

4.湘西土家织锦的传承人年龄最大有＿＿＿＿＿＿，还在从事土家织锦。

5.白果开花开的时间是＿＿＿＿＿＿，只有一个时辰，"寅时开花卯时谢"。根据西兰卡普故事，土家传统纹样＿＿＿＿＿＿，体现了土家织女智慧的创作结晶。

6.人们经常讲述＿＿＿＿＿＿的故事，久而久之，"＿＿＿＿＿＿"逐渐成了"土家织锦"的代名词，也成为人们认识和了解土家民族的重要窗口。

7.土家族自称"＿＿＿＿＿＿"，是一个历史悠久、勤劳勇敢的民族。

8.湘西自治州从事土家织锦技艺的人员较多，最大年龄有＿＿＿＿＿＿岁。

工作活动2　方案制定

一、活动思考

思考1：听故事掌握好土家织锦的传说，故事中表现的人物是谁，她与土家织锦的什么图案有关呢？

思考2：土家族与土家织锦主要分布在哪些地方，从事土家织锦人员最多的在什么地方？从事土家织锦年龄最大的老艺人多少岁？

二、思想提升

子夏曰："博学而笃志，切问而近思，仁在其中矣。"在学习过程中，如何理解知识背后的故事对于我们全面学习技能和内容的帮助。

三、活动实施

活动步骤	活动要求	活动安排	活动记录
步骤一 学习方法与练习	在自学过程中，通过学习文本资料、网上查阅资料、参考各种学习资料和练习习题，加深对理论知识的理解和记忆	自主学习土家织锦的传说和土家族与土家织锦的分布等学习内容	在学习过程中，养成看书，做笔记、划重难点的学习习惯
步骤二 加深专业知识的理解	通过微课，学习土家织锦的传说、土家族与土家织锦的分布等内容。土家织锦的传说要掌握"白果花"纹样的由来。进一步了解土家族织锦技艺传承人的情况等	从微课的动画中进一步了解土家织锦传说中的"白果花"和土家族与土家织锦的分布情况	通过图片、视频和老师的讲解进一步加深理解
步骤三 掌握提出问题和总结的能力	通过各种学习，把模块1项目3的所有知识融会贯通，能快速回答所有问题，提高归纳和总结土家织锦的传说和土家族与土家织锦分布的知识能力	从微课、文本资料、其他资料中找到重难点知识	能组织语言，归纳知识点，并记录在学习笔记上

工作活动3　学微课

土家织锦的传说

工作活动4　任务评价与总结

一、评价

一级指标	序号	二级指标	序号	评价内容	权重	自评	互评	教师评
工作能力（30分）	1	思维能力	1	能够从不同的角度提出问题，并考虑解决问题的方法	1			

一级指标	序号	二级指标	序号	评价内容	权重	自评	互评	教师评
工作能力（30分）	2	自学能力	1	能够通过已有的知识经验独立获取新的知识	1			
			2	能够通过自己的感知来分析问题，正确理解新知识	1			
	3	实践创作能力	1	能够根据自己获取的知识完成工作任务	5			
			2	能够规范、严谨地撰写学习知识的重难点	5			
	4	创新能力	1	在小组讨论中能够与他人交流自己的想法，敢于标新立异	5			
			2	能够跳出固有的课内课外知识，提出自己的见解，培养自己的创新性	5			
	5	表达能力	1	能够正确地组织和表达对土家织锦的传说和土家织锦分布知识的见解	5			
	6	合作能力	1	能够为小组提供信息，质疑、归类、阐明观点	2			
学习策略（20分）	1	学习方法	1	根据本次的工作任务对自己的学习内容进行归纳和分析	10			
	2	自我调控	1	能根据本次工作任务，正确讲述土家织锦的传说和分布的各种知识	4			
			2	能够正确地运用各种学习资料，掌握土家织锦文化背景的更多知识	2			
			3	能够有效利用各种学习资源，提高自己的学识水平	4			
学习得分（50分）	1	职业岗位能力	1	掌握土家织锦的传说和土家织锦分布的各种知识	10			
			2	看土家织锦实物或看土家织锦动画等资源后，能准确地表达土家织锦"白果花"的故事和土家织锦的分布、传承人年龄及从业人员的分布地区	10			
			3	了解土家织锦地方标准，能正确描述土家织锦传说和分布的知识要点	30			
总评								

二、总结

反思	
改进	

模块2
土家织锦的工具与材料

○ 项目1
土家织锦机的结构与工具

◎ 工作任务导入

项目1　工作任务书	
学习内容	本项目主要学习土家织锦机和其上的每一件工具。土家织锦机是一种木制斜式腰机，这种织机十分古老，它与汉墓石刻画中的斜式织机和成都曾家包土桥汉墓出土的大型石浮雕画的图像十分相似，由此可以找到它的远古遗传和渊源关系 　　传统土家织锦机，民间俗称"机头"，整个织机主要由12种不同的工具和零部件组成，每种工具有不同的用处
土家织锦机的结构和作用	从织机结构来看，看似很简单的木制斜式腰机，设计却非常科学，机身长度和角度都完全满足了织造活动，并在结构上促进了土家织锦工艺的形成和完善 　　虽然土家织锦机的结构较为原始，但整体上它与现代织机结构类似；虽然工艺古老，但它织造的核心也符合梭织艺术和工艺的发展变化
土家织锦机上的工具及其作用	1.滚板。滚板的作用是卷经线用，相当于现代纺织中的卷经轴 2.竹箔。竹箔的作用是用来控制锦面的宽度和精细程度 3.篙筒。篙筒的主要作用是用来分上下斜或上下层的作用 4.综杆。由一根竹子和一根光滑的小竹条以及一根小短竹棍共三件不同的竹竿组成。综杆上缠有均匀的综线套，综线起到经线分层的作用 5.滚棒。滚棒是用来卷织锦半成品的 6.挑挑。挑挑也叫挑花尺 7.撑子。撑子也叫绷子，用南竹片削成，其作用是不让织锦两边缩箔 8.梭罗。梭罗的功能有两种，一是用来穿织锦中的暗纬线，二是用来打紧织好的锦 9.鱼儿。鱼儿又称布谷鸟，在织机中起到提综和分层的作用 10.踩棍。踩棍是连接中斜杆和鱼儿的，踩棍是起到经线开口分层的作用
企业行业要求	在企业、行业培训中，要求学员掌握土家织锦机的结构和作用，土家织锦机上的工具及其作用的理论知识
任务要求	本项目有2个任务要求，具体如下： 　　任务要求1：学习土家织锦机的结构和作用的，20分钟 　　任务要求2：学习土家织锦机中的工具及作用，25分钟 　　任务形式：阅读文本资料，网上查阅资料，向老师咨询等，掌握其中的重难点知识，扫二维码学习微课和动画，加深记忆和理解 　　建议课时：1课时

项目 1　工作任务书	
工作标准	1.工艺染织制作工（土家织锦）职业（工种）中级 （1）掌握土家织锦织机的结构和作用 （2）掌握土家织锦机的长度和构造的角度，这对于织造工艺和成品有决定性作用 （3）掌握织机上每种工具的具体作用及工作原理 （4）对比学习土家织锦机与其他织机的差别与共同点，从而加深对土家织锦织造工艺独特性来源的理解 对接方式： （1）掌握土家织锦机的结构和作用 （2）掌握土家织锦机上的工具及作用 2.工艺染织制作工（土家织锦）职业（工种）初级 （1）掌握土家织锦机的组成 （2）掌握土家织锦机上每种工具的用途 对接方式： （1）土家织锦机的构成包括哪些主要配件 （2）土家织锦机的滚板、竹筘、篙筒、滚棒、撑子、梭罗等的作用

◎ 小组协作与分工

课前：请同学们按照男女同学各占一部分分组，协作完成本次工作任务，并在下面表格中写出每位同学的专业特长与学习情况。

组名	成员姓名	专业特长	学习情况

◎ 知识导入

图 2-1-1

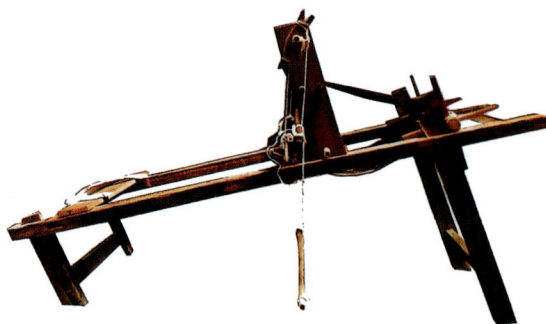

机坐 绷 滚　　篙 综 竹 踩 鱼　　　滚
架板 带 棒　　筒 杆 箔 棍儿　　　板

图 2-1-2

图 2-1-3

图 2-1-4

图 2-1-5

图 2-1-6

图 2-1-7

图 2-1-8

图 2-1-9

图 2-1-10

图 2-1-11　　　　　　　　　　　　　　　　图 2-1-12

问题：图 2-1-1～图 2-1-12 中，图_____与汉墓石刻画中的斜式织机和成都曾家包土桥汉墓出土的大型石浮雕画的图像十分相似，图_____是传统土家织锦机，图_____是传统土家织锦机上的滚板，图_____是竹筘，图_____是篙筒，图_____是综竿，图_____是滚棒，图_____是挑挑，图_____是撑子，图_____是梭罗，图_____是鱼儿，图_____是踩棍。

◎ 知识准备

一、土家织锦机的结构

土家织锦机是一种木制斜式腰机，这种织机十分古老，它与汉墓石刻画中的斜式织机（图 2-1-13）和成都曾家包土桥汉墓出土的大型石浮雕画的图像十分相似，由此可以找到它的远古遗传和渊源关系。

图 2-1-13　汉墓石刻画中的斜织机

土家织锦机，民间俗称"机头"，是织土家织锦的主要工具。织机长约 180cm，宽约 80cm。整个织机主要由十三根木方，两个木制小鸟（两个小鱼）、滚板、篙筒、综线、综杆（综线杆）、竹筘、梭子（梭罗）、挑挑（挑花尺）、撑子、滚棒、绊带等组成（图 2-1-14）。

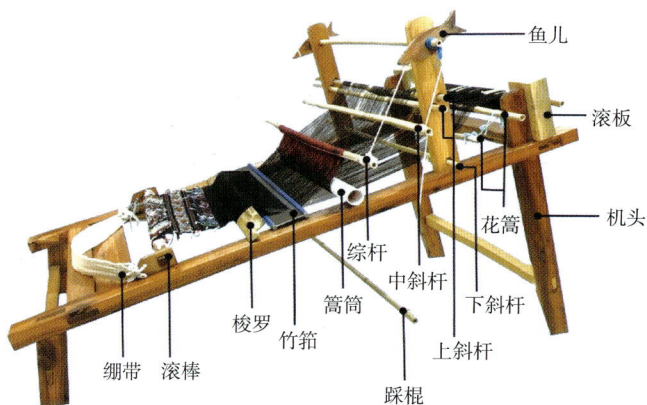

图2-1-14 传统土家织锦机

1.土家织锦机上的竹竿替代现代纺织中的三页综

织造织锦需要繁重的劳动，一位土家织锦女工织3cm高较复杂的斜纹图案，需要用一天时间。土家织锦制作流程分为纺捻线、染色、倒线、牵线、织造等12道工序，织锦女工使用古老的、纯木质斜式腰机织造，通过左右移动梭子和织机上活动的篙筒，踩棍和篙筒的变化，将经线分为三层以形成梭口。虽然原始，但整体上它与现代梭织过程和原理大致相同。就如Anni Albers所说：梭织是一项发源于史前的古老工艺，但它的核心内容至今没有变过。即梭织共同拥有几大元素：综、筘、经线、纬线和经纬浮线等。

2.土家织锦机与现代织机结构的主要不同

土家织锦机是由三页综组成，从花篙开始分层，所有经线经过花篙前后排列，经线在前后花篙上各占一半，呈一上一下状态。拣好综后，把花篙翻过综线，靠近滚板处，用两根竹竿穿在第二根花篙里，把竹竿分别穿在织锦机的上下层，穿好上下层竹竿后，从上层竹竿中按挑一压一的方法，把上层经线再分一半穿在织机两边的占方上，这就是土家织锦机的独特之处，如果现代织机是几页综可以一目了然，而土家织锦机的三页综是把经线分成三层，然后把篙筒穿在上下斜的中间层，踩踩棍时篙筒起到分层的作用（图2-1-15）。

图2-1-15 穿篙筒

由于土家织锦机的综不像机械结构综有限制，所以土家织锦机仅限于织造对斜和上下斜或斜纹抠斜的结构，且只能将目标的图纹以数经纱的方式找到，用竹制的"挑子"挑出来，喂以多色纬线，织完同一个色彩区域范围后就在旁边的同一行用下一个颜色（图 2-1-16）。

图 2-1-16　土家织锦以数经纱的方式进行挑织

二、土家织锦机上的工具及其用途

1. 滚板

滚板（图 2-1-17）是用一块厚木板制成，长约 88cm，高约 30cm，滚板内空长 55cm 左右，两头大，中间略小，呈工字形，左右对称。滚板的作用是卷经线用，相当于现代纺织中的卷经轴。

图 2-1-17　滚板

2. 竹筘

竹筘（图 2-1-18）的作用是用来控制土家织锦锦面的宽度和精细程度。竹筘越密越匀称，织出的锦面会越细腻精致。竹筘一般的规格为：宽约 70cm，高 12cm，一般筘的疏密约 10cm 63 羽。民间通常采用 3.3cm（1 寸）22~23 羽。1 寸少于 22 羽，属于疏筘，织出的锦颗粒较粗；1 寸大于 24 羽，织出的锦就越细腻，颗粒会越小。所有说土家织锦的精致程度主要是看竹筘的疏密程度，另外是经、纬线的粗细程度和织锦女工在挑纬时拉纬线的力度是否一致，用梭子打纬的力度也要保持一致，做到这些才能织出精致的锦面。

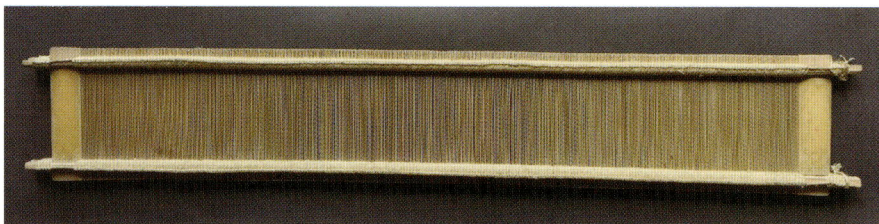

图2-1-18 竹筘

3. 篙筒

篙筒（图2-1-19）的主要作用是起到分上下斜或分层的作用。篙筒的宽一般与织机的内宽差不多，如果太宽，篙筒放不进上斜内孔中，影响踩斜。篙筒的规格一般宽65cm，直径5cm，直径超过5cm会感觉太笨重，直径小于5cm则踩斜时不开篙。

图2-1-19 篙筒

4. 综杆

综杆（图2-1-20）是一根竹子和一根光滑的小竹条，还有一根小短竹棍，共三件不同的竹竿。综杆上缠有均匀的综线套，综线起到使经线分层的作用。综杆宽度超出织机左右两边各6cm，综杆太长占地方，综杆太短则穿不到织机对应的眼中，衬综杆的小竹条是控制综线的长度，一般不超过8~8.5cm，如果大于或小于这个数值，综线会觉得太长或太短，不好操作。

图2-1-20 综杆

5. 滚棒

滚棒（图2-1-21）是用来卷织锦半成品的。它由三件物品组成：一是滚棒，由一根圆形或方形木棒，木棒两头比滚棒约小，呈正方形，木棒长70cm，木棒中间开一条小槽，便于织锦的布边部分卡在滚棒的小槽里，锦织得越多，滚棒上的锦卷得越多。二是把锦压在小槽里面需要一根光滑的小竹条，小竹条的长度与滚棒的长度一样长。三是绊带，绊带上配有两个木栅，木栅中间打了两个方形的小孔，方形小孔的大小与滚棒两头的正方形大小一样，刚好套上，织锦时绊带与滚棒套紧，才好操作织锦。

图 2-1-21　滚棒

6. 挑挑

挑挑（图 2-1-22），也叫挑花尺。有的是用竹子削成的，也有用牛角、牛骨、铜片制作成的。挑挑的长度 30~40cm，一头削尖且微翘起，打磨光滑，另一头呈半圆形或方形。织锦时便于挑花（挑纬线）用。

图 2-1-22　挑挑

7. 撑子

撑子（图 2-1-23），也叫绷子，用南竹片削成，撑子两头要削尖，便于撑开两边的布边，其作用是不让织锦两边缩箍。撑子的长度一般比锦面宽度宽 8cm 左右，厚度在 0.5cm 左右。织锦时撑子距锦面约 3cm 时，撑子要往前移，以免锦面的宽度受影响，影响织锦质量。

图 2-1-23　撑子

8. 梭罗

梭罗（图 2-1-24）的功能有两种，一是用来穿织锦中的暗纬线，二是用来打紧织好的锦。梭罗一般采用梨木、枇杷木、柚子木等细腻木质制作而成。梭罗两端削成手把柄状，梭背内开有深槽，是装梭子筒用的，在梭子肚子的中下处穿一个小眼，把梭子线穿进小眼中，穿暗纬，再用梭罗打紧。

图 2-1-24　梭罗

9.鱼儿

鱼儿（图2-1-25），又称布谷鸟，木质结构，在织造中起到提综和分层的作用。鱼儿一般长28cm，厚2cm左右。

图2-1-25　鱼儿

10.踩棍

踩棍（图2-1-26）是连接中斜杆和鱼儿的。踩棍的长度和其他斜棍一样，踩棍比其他斜棍要稍微粗一点。鱼儿的尾巴连接中斜杆，再从中斜杆连接踩棍，鱼儿的头部连接综线杆，踩棍起到使经线开口分层的作用。

图2-1-26　踩棍

◎ 工作任务实施

工作任务1　土家织锦机的结构与工具

学
生
工
作
手
册

➤ 工作情景描述

某地区就业部门举办土家族织锦技能大赛或职业资格证考试，理论基础知识占30%，实操占70%，理论基础知识包括土家织锦机的结构及其工具的内容。

掌握土家织锦机的结构及工具相关知识，再掌握土家织锦机上每件工具的作用，只有掌握了织锦机的构成及其作用的相关知识，才能顺利通过土家织锦理论知识考试，或在土家族织锦技能大赛中顺利操作织锦的牵经线过程。

➤ 学习目标

1. 素质目标

（1）培养学生的职业道德和敬业精神。

（2）培养学生的社会责任心，要有认真、严谨的工作态度和虚心的学习态度。

（3）培养学生善沟通、能协作、高标准、重实践的各种专业素质。

2. 知识目标

（1）培养学生自主学习的能力，掌握土家织锦机的结构及其上工具的作用。

（2）掌握土家织锦机的主要构成及其上每种工具的材料、规格等知识。

3. 能力目标

（1）培养学生吃苦耐劳的工匠精神，全面系统学习土家织锦机的结构及每件工具的作用。

（2）培养学生的表达能力。

➤ 建议课时

1课时

➤ 工作流程与活动

工作活动1：任务确立（课前自习）。

工作活动2：方案制定（10分钟），课程中的重点知识点用笔作记号，加深知识点的记忆。

工作活动3：学微课（20分钟），扫二维码观看老师的微课、动画等内容，理解更多理论知识。

工作活动4：任务评价与总结（15分钟）。

工作活动1　任务确立

一、活动思考

思考1：需要通过哪些学习方法，掌握土家织锦机的构成知识？

思考2：在本项目中需要掌握土家织锦机上工具的哪些重要知识？

二、思想提升

"百丈竿头不动人，虽然得入未为真。百尺竿头须进步，十方世界是全身。"如何将释道原《景德传灯录》中不满足于已有成绩、继续努力的行为与土家族织锦技艺的学习联系起来？

三、工作任务确立

1.土家织锦的织机是一种＿＿＿＿＿＿，这种织机十分古老，它与＿＿＿＿＿＿画中的斜式织机和成都曾家包土桥汉墓出土的大型石浮雕画的图像十分相似。

2.土家织锦机主要由＿＿＿＿＿＿，两个木制＿＿＿＿＿＿（两个小鱼）、＿＿＿＿＿＿、篙筒、综线、杆、竹筘、梭子（梭罗）、挑挑（挑花尺）、撑子、滚棒、绊带等组成。

3.梭织是一项发源于史前的古老工艺，但它的核心内容至今没有变过。即梭织都共同拥有几大元素：＿＿＿＿＿＿、＿＿＿＿＿＿、＿＿＿＿＿＿、纬线和经纬浮线等。

4.土家织锦机上的几根竹竿是替代现代纺织中的＿＿＿＿＿＿。

5.土家织锦机在结构上是由三页综组成，从开始＿＿＿＿＿＿分层，所有经线经过花篙前后排列，经线在前后花篙在上各占＿＿＿＿＿＿，呈一上一下状态。

6.滚板是用一块厚木板制作成工字形，滚板的作用是＿＿＿＿＿＿，相当于现代纺织中的卷经轴。

7.竹筘的作用是用来控制土家织锦锦面的宽度和锦面的＿＿＿＿＿＿。竹筘越密越匀称，织出的锦面会越＿＿＿＿＿＿。

8.篙筒的作用主要是＿＿＿＿＿＿。

9.综竿为一根竹子和一根光滑的小竹条，还有一根小短竹棍，共三件不同的竹竿。综竿上缠有均匀的＿＿＿＿＿＿。综线在织锦时起到＿＿＿＿＿＿的作用。

10.滚棒是用来卷＿＿＿＿＿＿＿＿的。它由三件物品组成，一是＿＿＿＿＿＿＿＿由一根圆形或方形木棒，木棒两头比滚棒约小，呈正方形，二是一根光滑压条，三是＿＿＿＿＿＿＿＿套在滚棒上的，织锦时才好操作。

11.撑子也叫＿＿＿＿＿＿，用南竹片削成，撑子两头要削尖，便于撑开两边的布边，其作用是＿＿＿＿＿＿。

12.梭罗有两种用处，一是用来穿织锦中的＿＿＿＿＿＿，二是用来打紧织好的＿＿＿＿＿＿。

13.鱼儿又称＿＿＿＿＿，木质结构，在织机中起到＿＿＿＿和＿＿＿＿的作用。

14.踩棍是连接＿＿＿＿＿＿和＿＿＿＿＿＿的，鱼儿的尾巴连接＿＿＿＿＿＿，再从中斜竿连接踩棍，鱼儿的头部连接＿＿＿＿＿＿，踩棍的作用是＿＿＿＿＿＿。

工作活动 2　方案制定

一、活动思考

思考 1：土家织锦机主要由哪些配件组成？

思考2：土锦织锦机上每一种配件工具都有什么作用？其中最重要的一种工具决定了织锦的宽度和锦面的细腻程度，是什么？

二、思想提升

"学者贵于行之，而不贵于知之。"如何理解学习过程中实践与理论的关系？请思考在土家织锦学习过程中实践的重要性。

三、活动实施

活动步骤	活动要求	活动安排	活动记录
步骤一 学习方法与练习	在自学过程中，要想学到扎实的专业基础知识，就得通过学习各种文本资料、网上查阅资料、多听老师的讲解和练习题，才能加深对理论知识的理解和记忆	自主学习土家织锦机的结构及其上工具的作用等内容	学习过程中，养成看书，听老师讲解、做笔记、划重难点的学习习惯
步骤二 加深对专业知识的理解	通过看微课、动画，学习土家织锦机的结构及其上每件工具的作用，进一步学习和理解土家族织锦技艺	从微课和动画中进一步了解土家织锦机及每件工具的作用	从图片、视频和老师讲解中进一步加深本章节知识的理解
步骤三 学会提出问题和总结的能力	通过各种学习，把模块2项目1的所有知识融会贯通，能快速回答所有知识，能归纳和总结土家织锦机的结构及每件工具的作用	从微课、动画、文本资料、其他各种资料中找到重难点知识，并加以学习	能组织语言，归纳各个知识点，并记录在笔记本上

工作活动3　学微课

土家织锦机的构成：织机构成

土家织锦机上的工具及其用途

工作活动4 任务评价与总结

一、评价

一级指标	序号	二级指标	序号	评价内容	权重	自评	互评	教师评
工作能力（30分）	1	思维能力	1	能够从不同的角度提出问题，并考虑解决问题的方法	1			
	2	自学能力	1	能够通过已有的知识和经验独立获取新的知识	1			
			2	能够通过自己的感知来分析问题，并正确地理解新知识	1			
	3	实践创作能力	1	能够根据自己获取的知识完成工作任务	5			
			2	能够规范、严谨地撰写学习中的重难点知识	5			
	4	创新能力	1	在小组讨论中能够与他人交流自己的想法，敢于标新立异	5			
			2	能够跳出固有的课内课外知识，提出自己的见解，培养自己的创新能力	5			
	5	表达能力	1	能够正确地组织和表达自己对土家织锦机的构成及织机上每件工具的作用和见解	5			
	6	合作能力	1	能够为小组提供信息，质疑、归类、阐明观点	2			
学习策略（20分）	1	学习方法	1	根据本次的工作任务对自己的学习内容进行归纳，进行分析	10			
	2	自我调控	1	能根据本次工作任务，正确讲述土家织锦机的构成	4			
			2	能够正确地运用各种学习资料，掌握土家织锦机上每件工具的用途知识	2			
			3	能够有效地利用各种学习资源，提高自己的学识水平	4			

一级指标	序号	二级指标	序号	评价内容	权重	自评	互评	教师评
学习得分（50分）	1	职业岗位能力	1	掌握土家织锦机的结构及每件工具的用途	10			
			2	看土家织锦机实物或土家织锦微课、动画等资源后，能准确表达土家织锦机的结构和每件工具的用途及工具的选材等知识	10			
			3	依照土家织锦行业标准，能正确撰写土家织锦机的结构和每件工具的作用等知识要点	30			
总评								

二、总结

反思	
改进	

○ 项目2

土家织锦的材料与染料

◎ 工作任务导入

项目2　工作任务书	
学习内容	本项目主要学习土家织锦材料、植物染料等内容。从土家织锦发源起到现在，土家织锦的材料经历了多个变化阶段，从苎麻、棉、丝到如今的新材料和合成材料，材料的变化体现了不同时代科技和经济的发展，也体现了人们审美的变化 　　传统土家织锦的染料一般都是采用纯天然植物染料和矿物质染料，从不同的植物中可提取不同的色素进行染色
传统土家织锦材料	传统土家织锦的主要材料有麻、丝和棉等
土家织锦现代材料	土家织锦现在用的材料包括羊毛线、膨体线、腈纶毛线及其他很多创新材料等。随着经济和科技的发展，土家织锦也跟随时代的脚步吸纳了这些新材料，完善和进一步开发了土家织锦的风格特征
植物染料	传统土家织锦的染料都采用纯天然植物染料和矿物质染料制作而成。植物染料一般都是采用植物的花、叶、果实、根来染色，矿物质染料采用有颜色的矿粉、泥土等。常用的染料有红色、橙色、黄色、褐色、蓝色、绿色、黑色、紫色
企业行业要求	在企业、行业培训中，要求学员掌握土家织锦的各种材料和染料知识
任务要求	本项目有2个任务要求，具体如下： 　　任务要求1：学习土家织锦的材料知识，15分钟 　　任务要求2：学习土家织锦的染料知识，30分钟 　　任务形式：阅读学习资料，掌握重难点知识，扫二维码学习微课 　　建议课时：1课时
工作标准	1.工艺染织制作工（土家织锦）职业（工种）中级 　　（1）掌握传统土家织锦常用材料和现代工业染色的各种不同材料的知识 　　（2）掌握土家织锦纯天然矿物质染料的染色 　　（3）掌握用植物染料染红色、橙色、黄色、褐色、蓝色、黑色、紫色的植物名称 　　对接方式：掌握传统土家织锦材料和现代材料以及染料知识 　　2.工艺染织制作工（土家织锦）职业（工种）初级 　　（1）掌握传统土家织锦材料及现代的各种新型材料 　　（2）掌握传统土家织锦的植物染料和矿物质染料知识 　　对接方式：传统土家织锦材料及染料知识

◎ 小组协作与分工

课前：请同学们按照男女同学各占一部分分组，协作完成植物染料名称和染后获得色彩的学习任务，并在下表中写出每位同学的专业特长与学习情况。

组名	成员姓名	专业特长	学习情况

◎ 知识导入

图 2-2-1

图 2-2-2

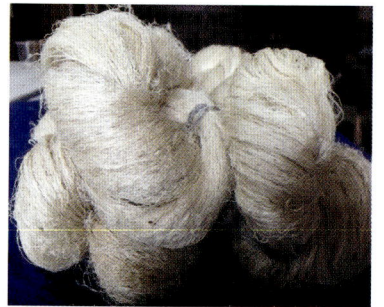
图 2-2-3

图 2-2-4

图 2-2-5

图 2-2-6

图 2-2-7

图 2-2-8

图 2-2-9

图 2-2-10

图 2-2-11

图 2-2-12

图 2-2-13

图 2-2-14

图 2-2-15

图 2-2-16

图 2-2-17

图 2-2-18

问题： 图2-2-1~图2-2-18所示的土家织锦材料图中，图_____是苎麻，图_____是桑蚕丝，图_____纯棉，图_____是苎经过染色的麻材料，图_____是经过染色的桑蚕丝材料，图_____是经过染色的纯棉材料，图_____是膨体纱材料，图_____是毛线材料，图_____是羊毛线材料，图_____是现代新材料。（注：图2-2-6由赖雷染色，图2-2-7、图2-2-8由傅家轩染色，图2-2-9~图2-2-12由叶水云染色。）

◎ 知识准备

一、土家织锦材料

传统土家织锦的材料多为棉、麻、桑蚕丝等纯天然材料。土家织锦最早原材料使用原始的葛麻、苎麻，到了近代主要以桑蚕丝、棉线为主。到20世纪80年代初至今，有了化纤腈纶线和膨体纱，为土家织锦的色纬线提供了方便，即颜色鲜艳，近两年在土家织锦材料的创新方面，也用到各种不同的新材料，使土家织锦的发展又向前迈进了一步（图2-2-19）。

图2-2-19 土家织锦材料

目前使用传统纯天然草木染的人不多，只有少数老艺人以前教过草木染技法，或者追求土家织锦色彩更加古朴的人也会花很多时间和精力研究和推广草木染。

1.麻

人们在没有认识桑蚕丝以前，主要采用苎麻、葛藤、大麻和苘麻等野生植物纤维作为纺织原料。苎麻主要产于淮河、长江流域及其以南地区，以江南出产的苎麻最为著名。除中原地区发展葛麻纺织外，少数民族地区也精于用苎麻纤维织布。《后汉书·西南夷列传》记载了滇西少数民族先民哀牢夷地区以生产"阑干细布"而闻名于西南。葛，又名葛藤，是多年生蔓生植物。早在西周时期，黄河下游地区已广泛采用葛纤维织布。葛藤主要生长在中国的东南一带，少数民族很早就懂得利用葛的韧皮纤维纺织成布制作衣服。麻较易栽培和纺织，具有坚实耐磨、御寒透气的特点，因而在近代南方少数民族中得到广泛应用。正如《龙山县志》所记："五月间麻熟，妇女群沤而绩之，织成布粗厚间亦有细致者。"据《永顺府志·风俗卷·物产》（清乾隆二十年刻本）所记："葛，土人取藤练绩织布，捣其根为葛粉。"

2.丝

在距今五六千年的新石器时代中期，中国便开始养蚕、制丝、织绸。浙江湖州吴兴钱山漾新石器时代遗址出土的绢片和丝带，经鉴定其材质为家蚕丝；江苏吴江梅堰和浙江余姚河姆渡遗址出土的器物上发现了蚕纹图案。至商代，丝绸生产已初具规模，人们能够熟练操作复杂的织机，具备较高的工艺水平和织造手艺。战国时代，各地丝织业进一步发展，丝绸的花色品种也丰富起来，主要分为绢、绮、锦三大类。秦汉时期，海南已有种桑养蚕织布的记载。贸易推动中原和边疆、中国和东西邻邦的经济、文化交流的进一步发展，从而形成了著名的"丝绸之路"。魏晋南北朝时期，黄河流域丝织业较长江流域更为发达，河北则是黄河流域丝织业最发达的地区。至隋代，中国蚕桑丝绸业的重心转移到长江流域。唐朝是丝绸生产的鼎盛时期，丝绸的产量、质量和品种都达到了前所未有的水平。唐宋时期，岭南少数民族的丝织业也有一定程度的发展。龙山隶属永顺，《龙山县志》记载："土妇善纺织，布用麻，工与汉人等。土锦或经纬皆丝，或丝经棉纬，用一手织纬一手挑花，遂成五色。其挑花用细牛角。"从这些地方志所载的历史信息来看，在清乾嘉以前，湘西北土家族的纺织原料，主要靠传统的栽桑养蚕、种棉栽麻、自缫自织来解决。

3.棉

棉花原产于印度和埃及，后经少数民族传播到我国中原地区。宋末元初著名的棉纺织家黄道婆来到海南崖州水南村，向当地的黎族妇女学习棉纺织技术，回到松江府乌泥泾后，将黎族先进的纺织工具和技术带回家乡，经过改良，使其家乡成为明朝著名的纺织业中心，享有"衣被天下"的盛名，推动了长江中下游汉族地区棉纺织业的发展。清代，棉织业进入了繁荣时期，棉织业逐步取代麻织业成为主要的纺织业。在少数民族的服饰材料中，《永顺府志·物产志》中有："棉花，可给本境织成布，皆粗厚。汉时令蛮输賨布，大人一匹、小口二丈。宋朝时，辰之诸蛮与保靖、南渭、永顺三州接壤，岁贡溪布，即此类。"

二、植物染料

传统土家织锦的染料都是采用纯天然植物染料和矿物质染料制作而成的。植物染料一般都是采用植物的花、叶、果实、根来染色，矿物质染料采用有颜色的矿粉、泥土等。

（1）红色。红色在土家织锦中为主要颜色。不管是嫁妆铺盖还是服装上，红色是主色调。染红色有苏木、茜草根、野生蔷薇花根、朱砂、红泥土等（图2-2-20）。每一种植物和矿物质染料染出的颜色都有不同的色彩效果，也可根据不同的媒染剂染出不同的色彩。

苏木　　　　　　　　　　茜草根　　　　　　　　　野蔷薇花根

图2-2-20　红色染料

（2）橙色。橙色是介于红色和黄色之间的颜色，又称橘黄色或橘色，橙色是欢快活泼热情的色彩，是暖色系中最温暖的颜色。直接染橙色的染料有红香椿树皮、鸡血藤、薯莨等（图2-2-21），也可用红色染料加黄色染料调和成橙色。

| 红香椿树皮 | 薯莨 | 鸡血藤 |

图2-2-21　橙色染料

（3）黄色。黄色在土家织锦中用量多，不管用哪一种黄色，织出的纹样瞬间就亮起来了，可为土家织锦的配色增添喜悦。黄色是比较容易染的，它上色率高。染黄色的染料有很多，下面介绍的染料能染出不同色彩的黄色系列，主要有黄栀子、姜黄、十大功劳、槐花、勾儿茶、洋葱皮等（图2-2-22）。

| 黄栀子 | 十大功劳 | 姜黄 |

| 槐花 | 勾儿茶 | 洋葱皮 |

图2-2-22　黄色染料

（4）蓝色。蓝色在土家织锦中用量是比较大的。有的纹样大多采用深蓝底、浅色花。湘西永顺的早期传统土家织锦纹样采用蓝底白花或白底蓝花图案的很多，这表示湘西早期家家户户都种植靛蓝。提取靛蓝的植物有马蓝、蓼蓝、菘蓝、紫甘蓝等（图2-2-23）。马蓝、蓼蓝、菘蓝用冷染，紫甘蓝则用高温煮。

（5）黑色。黑色给人庄重、高雅、神秘的感觉。黑色在土家织锦中也是不可缺少的颜色，它符合土家人的用色习俗，忌白尚黑。黑色的主要染料有五倍子、木油树果、乌桕叶等（图2-2-24）。

马蓝　　　　　　　蓼蓝　　　　　　　菘蓝

木蓝　　　　　　　　　　紫甘蓝

图2-2-23　蓝色染料

五倍子　　　　　　　　　乌桕叶

图2-2-24　黑色染料

（6）绿色。绿色是植物染色中不易染的，季节性很强，常用的有青蒿、竹叶、鼠李、蕨菜等（图2-2-25）。

青蒿　　　　　　　　竹叶　　　　　　　　鼠李

图2-2-25　绿色染料

（7）褐色。褐色的上色率很高，染褐色的植物有很多，如青核桃皮、苎麻根叶、红茶、各种干皂角、葛根葛叶等（图2-2-26）。

青核桃皮	苎麻根叶	红茶
板栗壳	干皂角	葛根葛叶

图2-2-26　褐色染料

（8）紫色。可用野葡萄、狗屎泡、紫苏等染紫色（图2-2-27）。

野葡萄	狗屎泡	紫苏

图2-2-27　紫色染料

◎ **工作任务实施**

工作任务2　土家织锦的材料与染料

学生工作手册

➤ **工作情景描述**

　　某地区就业部门举办土家族织锦技艺技能大赛，职业资格证考试，要求考试土家织锦材料与染料理论知识，理论基础知识占30%，实操占70%，理论知识考试内容包括土家织锦材料与染料的所有内容。

　　学习土家织锦材料与染料知识，要掌握土家织锦的材料包括哪些，每种植物分别染出的颜色。只有掌握了这些知识，不管是职业资格考试，还是染色技艺操作，将对土家织锦产品创新设计和土家织锦的色彩知识有一个很大的提升。

➤ **学习目标**

　　1. 素质目标

　　（1）培养学生的职业道德和敬业精神。

　　（2）培养学生的社会责任心，要具有认真、严谨的工作态度和虚心学习的态度。

　　（3）培养学生掌握各种理论知识，善沟通、能协作、高标准、重探索的专业素质。

　　2. 知识目标

　　（1）培养学生能自主学习，掌握土家织锦材料与染料的专业知识，为今后的织造技艺和创新设计打下坚实的基础。

　　（2）掌握土家织锦传统、创新材料和各种染料实用知识。

　　3. 能力目标

　　（1）培养学生吃苦耐劳的工匠精神，具备全面系统学习土家织锦材料和染料的知识能力。

　　（2）培养学生的表达能力。

➤ **建议课时**

　　1课时

➤ **工作流程与活动**

　　工作活动1：任务确立（课前自习）。

　　工作活动2：方案制定（10分钟），课程中的重点知识用笔作记号，加深知识的理解和记忆。

　　工作活动3：学微课（20分钟），扫二维码观看老师的微课内容，加深理解材料与染料的更多理论知识。

　　工作活动4：任务评价与总结（15分钟）。

工作活动1　任务确立

一、活动思考

思考1：土家织锦的材料从何而来？经历了哪些发展和变化？

思考2：如何从大自然的植物和矿物质中提取染料？

二、思想提升

"欲穷千里目，更上一层楼"。如何理解唐代诗人王之涣的五言绝句《登鹳雀楼》里对知识广度和深度的掌握，对于艺术创作有何帮助？请思考不同材料和染料对于创作土家织锦的帮助。

三、工作任务确立

1.传统土家织锦的材料多为_____、_____、_____等纯天然材料。

2.土家织锦最早原材料使用了原始的_____、_____。

3.近代土家织锦原材料主要以_____、_____为主。20世纪80年代初至今，有了_____和_____，为土家织锦的色纬线提供了方便。

4.传统土家织锦的染料采用_____染料和_____染料制作而成。植物染料一般都是采用植物的_____、_____、_____、_____来染色，矿物质染料采用有颜色的_____、_____等。

5.近年来土家织锦在材料创新方面也用到了各种不同的_____来织造土家织锦，使土家织锦的发展又向前迈进了一步。

6.在清代乾嘉以前，湘西北土家族的纺织原料，主要靠传统式的_____，自缫自织来解决。

7.染红色有苏木、茜草根、野生蔷薇花根、_____、_____、红泥土等。每一种植物、矿物质染料染出的颜色都有不同的色彩效果，也可根据不同的_____染出不同的色彩。

8.橙色是欢快活泼的热情色彩，是暖色系中最温暖的颜色。直接染橙色的染料有_____，_____，_____等，也可采用红色染料加黄色染料调和变成橙色。

9.染黄色主要有_____、_____、_____、槐花、勾儿茶、洋葱皮等。

10.染靛蓝的植物有马蓝、蓼蓝、菘蓝、紫甘蓝等。马蓝、蓼蓝、菘蓝用_____染。紫甘蓝则用_____染。

11.染黑色的主要染料有_____、_____和_____等。

12.绿色是植物染色中不易染的，季节性很强，常用的有_____、_____、_____、_____等。

13.染褐色的植物有很多，染褐色时上色率很高，如_____、_____、_____、各种干皂角、葛根葛叶等。

14.紫色一般用_____、_____、_____等染色。

工作活动2　方案制定

一、活动思考

思考1：土家织锦的材料包括哪些种类？

思考2：土家织锦的植物染料、矿物质染料中最常用的有哪些？

二、思想提升

"人生在勤，不索何获。"出自《应闲》东汉·张衡，在学习材料与染料的知识中，如何理解勤奋的重要性，在学习中又该如何去实践这些道理？

三、活动实施

活动步骤	活动要求	活动安排	活动记录
步骤一 学习方法 与练习	在自学过程中，要想将材料与染料的专业知识学得扎实，就得通过学习文本资料、网上查阅资料、参考各种织锦实物资料，才能加深对材料和染料知识的理解，为后面织锦的设计和织造打下坚实的基础	自主学习土家织锦材料与染料的内容，阅读各种相关专业书籍	通过看书，做笔记、划重点难点、看土家织锦材料与染料的实际染色操作过程
步骤二 加深专业 知识的 理解	通过学习微课，掌握土家织锦材料与染色的各种知识，特别是土家织锦的植物染料，可以上网查阅各种染料知识，通过对传统土家织锦植物染的实物仔细观察，加深对土家织锦材料与染料知识的进一步学习	从微课中进一步了解土家织锦的色彩构成和土家织锦的配色原理	看土家织锦实物、图片、视频、课本中的知识，老师讲解中记录重点知识
步骤三 掌握提出 问题和总 结的能力	通过各种学习，把模块2项目2的所有知识融会贯通，能快速回答所有问题，提高归纳和总结土家织锦材料和染料知识的能力	从微课、文本资料、其他各种学习资料中找到本任务的重难点知识	能组织语言，归纳各种材料与染料的知识，并记录在学习笔记上

工作活动3　学微课

土家织锦材料选择　　土家织锦常用染料及染色

工作活动4　任务评价与总结

一、评价

一级指标	序号	二级指标	序号	评价内容	权重	自评	互评	教师评
工作能力（30分）	1	思维能力	1	能够从不同的角度提出问题，并考虑解决问题的方法	1			
	2	自学能力	1	能够通过已有的知识经验，独立获取新的知识信息	1			
			2	能够通过自己的感知来分析，并正确理解新知识	1			
	3	实践创作能力	1	能够根据获取的知识完成工作任务	5			
			2	能够规范、严谨地撰写学习知识的重难点	5			
	4	创新能力	1	在小组讨论中能够与他人交流自己的想法，敢于标新立异	5			
			2	能够跳出固有的课内课外知识，提出新的见解，培养创新能力	5			
	5	表达能力	1	能够正确地组织和表达对土家织锦材料与染料知识的见解	5			
	6	合作能力	1	能够为小组提供信息，质疑、归类、阐明观点	2			
学习策略（20分）	1	学习方法	1	根据本次工作任务对学习内容进行归纳，划重难点	10			
	2	自我调控	1	能根据本次任务正确地运用各种材料与染料方面的知识	4			
			2	能够正确地运用各种学习方法，通过比较，更好地掌握相关知识	2			
			3	能够有效地利用各种学习资源	4			

一级指标	序号	二级指标	序号	评价内容	权重	自评	互评	教师评
学习得分（50分）	1	职业岗位能力	1	掌握土家织锦材料与染料的相关专业知识	10			
			2	看土家织锦实物作品后，能准确地辨别每一幅土家织锦所用的材料	10			
			3	依照土家织锦行业标准，能正确地撰写材料与染料的相关知识	30			
总评								

二、总结

反思	
改进	

○ 项目3 / 土家织锦的染色工艺

◎ 工作任务导入

项目3 工作任务书	
学习内容	本项目主要学习土家织锦的染色操作过程，掌握植物染色"热染"和"冷染"的操作过程 学生染色实训操作
土家织锦"热染"方法与步骤	1.浸泡材料 2.寻找植物染料，如植物的花、果实、根、叶等 3.煮植物汁液，用热量将植物中的色素提炼出来 4.过滤染液，去排除多余的废渣 5.开始染色，把过滤好的染液再次倒入干净的锅内加温，将棉线放入锅内进行染色，煮棉线的时间可根据色彩深浅的需要来定 6.固色，使染出来的线色彩匀称、亮度好 7.加媒染剂，有的植物染色加入不同的媒染剂会出现不同的色彩 8.清洗、晾干
土家织锦冷染色的操作步骤	1.制作染料，将蓝草茎叶放入大缸或木桶中浸泡至茎、叶腐烂，捞出茎叶后搅拌均匀，几天后捞出沉淀，即为靛蓝染料 2.准备染线，将制作好的靛蓝染料放入染缸内，加入辅料，发酵成功后，即可染色 3.染色，染线时将浸泡好的线挂于竹竿上，便于染色 4.清洗，放入适量洗衣粉或者肥皂清洗，然后抖松晾干
土家织锦植物染色实操练习	按照老师讲解的方法和步骤自己动手操作植物染色，颜色可根据季节来定
企业行业要求	在企业、行业培训中，要求学员掌握土家织锦所用材料（线）的热染和冷染的实际动手能力
任务要求	本项目有3个任务要求，具体如下： 任务要求1：操作土家织锦的热染过程，先看老师的示范、微课内容等，再操作，用麻、丝、棉材料进行热染的染色方法，15分钟 任务要求2：操作土家织锦的冷染过程，先看老师示范，再操作，15分钟 任务要求3：掌握不同色彩所需的植物原材料 任务形式：阅读学习资料，掌握操作步骤和操作技法，扫二维码学习微课知识 建议课时：1课时

续表

项目3　工作任务书	
工作标准	1.工艺染织制作工（土家织锦）职业（工种）中级 （1）掌握土家织锦常用材料，麻、丝、棉浸泡时用粗线捆好大支，分开线头，以免浸泡后搞乱整体线 （2）寻找植物染料，通过老师授课、学习各种资料后，辨别染料 （3）掌握采用植物染料热染时煮植物汁液、过滤汁液的技巧以及如何固色 （4）掌握植物染料染色时采用不同媒染剂的作用和效果 （5）掌握染色后清洗、晾干的注意事项 （6）掌握冷染蓝色系列的技巧和方法：制作蓝靛、发缸技巧 （7）掌握冷染蓝色的染色和清洗方法 对接方式：掌握热染及冷染的步骤及方法 2.工艺染织制作工（土家织锦）职业（工种）初级 （1）掌握土家织锦材料的浸泡方法 （2）掌握煮植物汁液、过滤、染色方法 （3）掌握不同媒染剂的作用和效果 （4）掌握冷染蓝色系列的染色及清洗方法 对接方式：掌握热染和冷染的操作方法和注意事项

◎ 小组协作与分工

课前： 请同学们按照男女同学各占一半分组，协作完成染色任务，并在下面表格中写出每位同学的专业特长与学习情况。

组名	成员姓名	专业特长	学习情况

◎ **知识导入**

图 2-3-1

图 2-3-2

图 2-3-3

图 2-3-4

图 2-3-5

图 2-3-6

图 2-3-7

图 2-3-8

图 2-3-9

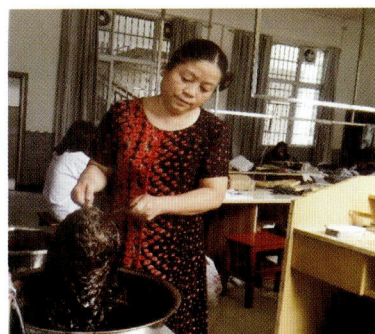

图 2-3-10

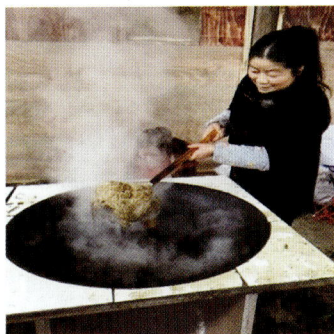

图 2-3-11

图 2-3-12

图2-3-13

图2-3-14

图2-3-15

图2-3-16

问题： 图2-3-1-图2-3-16所示为土家织锦材料用植物染料进行染色，图_____是正在浸泡材料，图_____是正在大山中寻找染材，图_____是正在将煮好的植物染液过滤，图_____是正在进行的高温染色过程，图_____是清洗好正在晾晒的过程，图_____是冷染蓝色系列前搅拌染液的过程，图_____是正在用冷染工艺染蓝色。

◎ 知识准备

一、植物染色"热染"方法与步骤

1.浸泡材料

一般新棉线或丝线染色前要先浸泡，把线脱脂泡透，以免在染色时出现花色现象，并用粗线把要染的线松松捆一下，做个记号，以免浸泡和染色后把线搞乱。

2.寻找植物染料

生活在湘西武陵山区，大自然环境优美，各种纯天然植物染料、矿物质染料丰富，给植物染提供了丰富的资源。掌握并能辨别植物染料，满山遍野到处都有染色材料。

3.煮植物汁液

将采摘回来的植物清洗干净后，放入锅内高温反复煮，直到汁液浓度达到饱和为止。

4.过滤染液

将煮好的染液用小筛子把粗的染料渣隔在上面，筛子下面的汁液无渣子、干净，这样染色时不会损伤材料。如图2-3-17所示。

图2-3-17　过滤染液

5.开始染色

把过滤后的染液再次倒入干净的锅内加温，染液温度达到50℃左右时，把泡好的线脱干水，然后把线抖松抖匀，放入锅内后，马上用筷子不停地翻滚，让线全部浸泡在染液中。煮棉线可根据色彩深浅需要来确定煮的时间长短，也可以反复多染几次。但丝线不能长时间煮。

6.固色

民间在染色过程中，为了色彩艳丽，固色牢，在染液中可加入适量的盐和酒，这样染出的线色彩均匀、亮度好。

7.加媒染剂

植物染料中加入不同的媒染剂会出现不同的色彩，例如，苏木染色可用明矾和醋两种不同的媒染剂，加入明矾可将线染成红色，加入醋则可将线染成黄色。使用不同的锅也会产生不同的色彩，例如，勾儿茶用铁锅煮会变成土黄色，用铝锅煮则会变成柠檬黄。

8.清洗、凉干

将染好的棉线或桑蚕丝线放冷，再把染好的线放在盆里清洗几次就好了。然后按照原来用粗线捆的线理顺，抖松晾干。

二、植物染色"冷染"方法与步骤

1.制作靛蓝染料

染蓝色一般用蓼蓝、菘蓝、马蓝等植物，采用冷浸染色。将蓝草割好放入大缸或木桶中浸泡至茎、叶腐烂，捞出茎叶后，在水中加入石灰（每50千克茎叶加石灰16~18千克）和高度白酒搅拌均匀，几天后捞出沉淀，用布袋装好吊起晾干，即为靛蓝染料。

2.染色前准备发缸

将制作好的靛蓝放入染缸内，加一定量的碱或石灰水，根据染缸中水的多少而定，再加入甜酒一起发酵、搅拌，水面出现很多蓝色泡沫，表明发酵成功，可以染色了。这样染出的颜色又深又亮，否则染出的色彩暗淡无光，效果差。

3.染色

染线时，将浸泡好的线甩干并抖松抖匀，找到之前捆的粗线，用竹竿穿在中间（图2-3-18），放入染杠中，开始染色。一般染10分钟捞上来，氧化15分钟，采用植物染染蓝色是通过氧化还原反应使白棉线或桑蚕丝线变黄变绿再变成蓝色的过程，反复操作几次，根据自己对色彩深浅的需要来完成。想要染成深浅不同的颜色，可根据染的次数多少来决定深浅颜色，染的次数越多，颜色越深。

图2-3-18　染色

4.清洗

将染好的棉线或桑蚕丝线放入盆中清洗，先用清水洗几遍后，再放入适量洗衣粉或肥皂清洗，然后抖松晾干。

三、实训操作要求和注意事项

1.材料准备

准备棉线、麻线、丝线等材料，染料、固色剂，热染设备、工具等。

2.操作步骤（按染色工艺进行操作）

（1）从植物中提取染液，自己决定染线的颜色。

（2）注意操作规范和用电安全，按操作方法和流程进行染色，对时间、温度、固色剂、媒染剂的运用进行观察记录。

（3）完成不同材质线同色染制，对比分析色彩变化，制作成线卡。

学生实施染色工艺实训任务时，老师要进行指导，发现问题要及时反馈给学生。要求学生在操作中专注、严谨、细致、规范，养成讲卫生、勤俭节约和工具归位的好习惯，在实训中培养和考核学生的动手能力和学习习惯、操作规范等。

◎ 工作任务实施

工作任务3　土家织锦的染色工艺

学
生
工
作
手
册

▶ 工作情景描述

　　某大型酒店的大厅和房间要定制一批高端仿古土家织锦壁挂及生活用品，因此要根据要求设计，并制作不同纹样、不同色彩的仿古土家织锦，掌握染纯棉或丝线的各种植物染料。

　　采用植物染料染土家织锦的纬线，首先要掌握土家织锦植物染色的各种方法和步骤，掌握了染色技巧，染出的颜色温润，是制作仿古土家织锦壁挂和生活用品的基础。

▶ 学习目标

1.素质目标
（1）培养学生的职业道德和敬业精神。
（2）培养学生的社会责任心，要具有认真、严谨的工作态度和虚心学习的态度。
（3）培养学生精通各种理论知识和操作技能，善沟通、能协作、高标准、重创新的专业素质。

2.知识目标
（1）培养学生的动手操作能力，掌握土家织锦的染色工艺及方法，为创新设计打下坚实的基础。
（2）掌握土家织锦染色中的热染和冷染的具体操作方法和步骤。

3.能力目标
（1）具有吃苦耐劳的工匠精神，具备全面系统掌握土家织锦染色工艺的操作能力。
（2）有较强的表达能力。

▶ 建议课时

　　1课时

▶ 工作流程与活动

　　工作活动1：任务确立（课前自习）。
　　工作活动2：方案制定（10分钟），在染色时确定植物染料和要染的颜色。
　　工作活动3：学微课（20分钟），扫二维码观看老师的微课内容，学习掌握煮染液的浓度的相关知识。
　　工作活动4：任务评价与总结（15分钟）。

工作活动1　任务确立

一、活动思考

　　思考1：土家织锦植物染色有哪些工艺流程？

思考2：土家织锦植物染色工艺中的热染采用不同的媒染剂对染色效果有哪些不同的影响？

二、思想提升

"半亩方塘一鉴开，天光云影共徘徊。问渠那得清如许？为有源头活水来。"出自《观书有感》宋·朱熹。从这首诗中如何理解源源不断地进行知识摄入对艺术创作的作用和帮助？

三、工作任务确立

1.植物染色工艺有_____、_____两种。

2.新棉线或丝线染色前要先_____，把线脱脂泡透，以免在染色时出现花色现象。

3.生活在湘西武陵山区，大自然环境优美，各种纯天然植物、矿物质染料丰富，给植物染提供了丰富的资源。掌握并能辨别_____，满山遍野到处都有染色材料。

4._____，是将采摘回来的植物清洗干净后，放入锅内高温反复煮开，直到汁液浓度达到饱和为止。

5._____，是将煮好的染液和染料用一个小筛子把粗的染料渣隔在上面，筛子下面的汁液无渣子、干净，这样染色时不损伤材料。

6._____，是把过滤好的染液再次倒入干净的锅内加温，把泡好的线脱干水，然后把线抖松抖匀，放入锅内，马上用筷子不停地翻滚，让线全部浸泡在水中。

7.民间在染色过程中，为了色彩艳丽，固色牢，在染液中可加入适量的_____、和_____，这样染出的线色彩均匀、亮度好。

8.有的植物染色加入不同的_____会出现不同的色彩，例如，苏木染色可加入_____和_____两种不同的媒染剂，加入明矾可将线染成_____，加入醋则可将线染成黄色。使用不同的锅也会产生不同的色彩，例如，勾儿茶用铁锅煮会变成土黄色，用铝锅煮则会变成_____。

9.一般用_____、_____、_____等植物来染蓝色。

10.染蓝色一般采用_____，它与热染的不同之处是要染几次，反复染色，每染一次_____，根据对色彩深浅的需要来决定染色次数。

工作活动2　方案制定

一、活动思考

思考1：土家织锦的染色工艺包括哪两种染色方法？

思考2：采用植物染染蓝色，通过什么原理使白棉线或者桑蚕丝先变黄再变绿最终变成蓝色？

二、思想提升

朱熹《朱子语类》："为学须觉今是而昨非，日改月化，便是长进。"在染色工艺中如何理解这句话的含义？在实际染色操作中又该持有什么样的态度去实施这些步骤呢？

三、活动实施

活动步骤	活动要求	活动安排	活动记录
步骤一 学习方法与练习	在自学过程中，要想将植物染色专业知识学得扎实，就得通过学习文本资料、网上查阅资料、实际操作各种植物染色步骤，参考各种织锦实物颜色，才能全面掌握植物染色的技巧，为实际操作打下坚实的基础	自主学习土家织锦染色工艺的内容	在实际操作过程中，边操作边做笔记，记录染色工艺采用不同染料、不同媒染剂、不同材质等染出的颜色效果
步骤二 加深专业知识的理解	通过学习微课，掌握土家织锦染色工艺中热染、冷染的知识，不同染料可染出不同的颜色，相同染料用不同的媒染剂可染出不同的颜色；不同材质、相同的媒染剂可染出不同的颜色。通过对染色工艺的实际操作，结合理论知识，加强手工实操的训练，掌握更多植物染色知识	从微课中进一步学习土家织锦染色技艺的实操训练和更多的植物染色知识	看微课中的染色知识，记录重要的染料名称、冷染和热染的不同方法、热染用的不同媒染剂等知识
步骤三 掌握提出问题和总结工作的能力	通过各种学习和实际操作，把所有染色知识融会贯通，能快速回答所有问题，提高归纳和总结土家织锦植物染中热染和冷染工艺的不同方法和步骤	从老师授课、微课、文本资料、其他各种资料中找到本任务的重难点知识	能组织语言，归纳各个知识点，并记录在学习笔记上

工作活动3 学微课

土家织锦植物染色
热染工艺

土家织锦染色中的
冷染工艺

工作活动 4　任务评价与总结

一、评价

一级指标	序号	二级指标	序号	评价内容	权重	自评	互评	教师评
工作能力（30分）	1	思维能力	1	能够从不同的角度提出问题，并考虑解决问题的方法	1			
	2	自学能力	1	能够通过已学的知识经验，独立获取新的知识和信息	1			
			2	能够通过自己的感知来分析新知识，能将所掌握的知识运用到实践中	1			
	3	实践创作能力	1	能够根据自己获取的知识完成实际工作任务	5			
			2	能够规范、严谨地撰写学习知识的重难点	5			
	4	创新能力	1	在小组讨论中能够与他人交流自己的想法，敢于标新立异	5			
			2	能够跳出固有的课内课外知识，提出自己的见解，培养创新能力	5			
	5	表达能力	1	能够正确地组织和表达对染色工艺知识的见解	5			
	6	合作能力	1	能够为小组提供信息，质疑、归类、阐明观点	2			
学习策略（20分）	1	学习方法	1	根据本次工作任务，对学习内容进行归纳和总结	10			
	2	自我调控	1	能根据本次任务正确地运用各种染色知识和操作技巧	4			
			2	能够正确地操作热染和冷染的步骤	2			
			3	能够有效利用各种学习资源，提高染色知识和动手能力	4			

一级指标	序号	二级指标	序号	评价内容	权重	自评	互评	教师评
学习得分（50分）	1	职业岗位能力	1	掌握土家织锦植物染色工艺的操作方法及步骤	10			
			2	看古老土家织锦实物后，能准确地表达每种颜色是怎样染出来的	10			
			3	依照土家织锦行业标准，能正确撰写染色工艺的相关知识	30			
总评								

二、总结

反思	
改进	

模块 3

土家织锦上机到织造的工艺流程

○ 项目1

土家织锦牵经线工艺流程

◎ 工作任务导入

项目1　工作任务书	
学习内容	1.土家织锦牵经线前的准备 2.掌握牵经线的步骤和所需用具 3.学生动手操作
牵经线前的准备	1.纺捻线。这是土家织锦的第一道工序，纺制经纬线的原材料 2.选经线颜色。经线一般采用大红、深蓝、黑色三种颜色 3.上浆。传统土家织锦的经线采用棉、麻、丝等材料，都会用米浆或玉米浆进行上浆处理，使经线结实，操作时耐用 4.倒筒。把染好的经线用纺车倒在竹筒上，倒筒的目的是为牵经线做准备 5.数筘。这是牵经线前必做的一件事，筘的宽度决定织锦的宽度
牵经线工艺流程	1.场地用具。选宽敞明亮场地，把一根光滑的木桩插在地里，木桩也叫地桩，木桩长约10cm，比筘要长30cm才好操作 2.牵经线。开始拉线时，把插在地桩上的小竹筒上的经线按顺序一根一根地拉起来，合并在一起，把这支线拉到一根地桩处，捆紧固定好，这就是牵经线的开始 3.捡花。右手把经线拉到有两根小地桩对面时，左手拿线，右手按从右至左一根一根地将经线按顺序挽上8字套，称为捡花（花岔岔） 4.将捡好的花岔岔放在两根并列的木桩上 5.穿花篙。牵好经线后，把两根木桩上的经线用两根竹竿穿在花篙处，并把竹竿两头用粗线捆好，完成牵经线工序
学生动手操作	学生按老师的操作步骤一步一步完成牵经线的步骤
企业行业要求	在企业、行业培训中，要求学员掌握土家织锦牵经线的步骤和捡花（8字套）的顺序
任务要求	本项目有3个任务要求，具体如下： 任务要求1：动手操作土家织锦牵经线前的准备，20分钟 任务要求2：动手操作土家织锦牵经线过程，25分钟 任务要求3：学生按老师的操作步骤完成牵经线的工序，1课时 任务形式：先观看老师的操作步骤，阅读学习文本资料，网上查阅资料，不懂的地方向老师咨询。掌握其中的操作要领，扫二维码学习微课，加深操作方法 建议课时：2课时

项目 1　工作任务书	
工作标准	1.工艺染织制作工（土家织锦）职业（工种）中级 （1）土家织锦经线的纺捻线制作 （2）选经线色彩：选择红、蓝、黑三种颜色中的一种作为经线色彩 （3）经线上浆的材料米浆或玉米浆的制作 （4）掌握倒筒技术和数筘的方法 （5）掌握牵经线前场地、用具的准备工作 （6）熟练掌握捡花（花岔岔）的技术和计算经线宽度的方法 对接方式：土家织锦牵经线前的准备工作，土家织锦牵经线的操作过程 2.工艺染织制作工（土家织锦）职业（工种）初级 （1）掌握土家织锦牵经线前的材料准备 （2）掌握土家织锦牵经线、数筘的方法 （3）掌握土家织锦牵经线的操作过程 对接方式：土家织锦牵经线的材料和场地的准备，土家织锦牵经线的实际操作过程

◎ 小组协作与分工

课前：请同学们按照男女同学各占一部分分组，协作完成牵经线的准备工作和牵经线的任务，并在下面表格中写出每位同学的专业特长与操作情况。

组名	成员姓名	专业特长	学习情况

◎ 知识导入

图 3-1-1

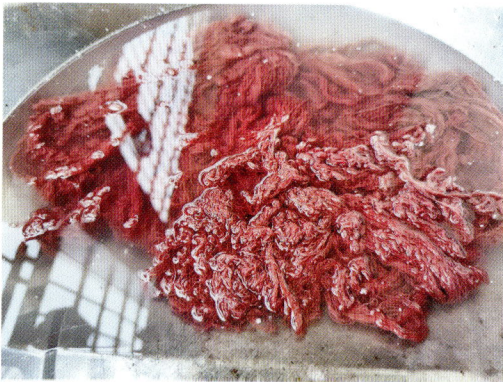

图 3-1-2

图 3-1-3

图 3-1-4

图 3-1-5

图 3-1-6

问题：图 3-1-1~图 3-1-6 所示为土家织锦牵经线的图片，图_____表示纺捻过程，图_____是染了颜色的经线，图_____表示经线正在上浆，图_____表示正在倒筒，图_____是土家织锦牵经线中的捡花，图_____表示将捡好的花岔岔放在两根木桩上。

◎ 知识准备

一、牵经线前的准备

1.纺捻线

土家织锦的第一道工序是选经线，选择棉、麻、丝材料作为经线。一般大部分都会选择棉线作为经线，丝线成本高，麻线较硬。传统的经线首先把棉花打蓬松，再把棉花搓成一根18cm的小棉条（图3-1-7），然后用纺车纺线（图3-1-8），把纺好的线一支一支地用其他颜色的线捆好，做个记号，以免染色时把线弄乱。

图3-1-7　搓棉条　　　　　　　　　　　　图3-1-8　纺捻线

2.选经线颜色

经线一般采用大红、深蓝、黑色三种颜色（图3-1-9）。大红色经线织出的纹样偏暖色，一般结婚嫁妆被面采用大红色经线。深蓝色和黑色经线织出的锦偏冷色，色彩稳重、高雅。

图3-1-9　选经线颜色

3.上浆

传统土家织锦的经线不管是采用棉、麻，还是丝，都会用米浆或玉米浆煮熟，将线在煮熟的米浆或玉米浆里泡透（图3-1-10），然后甩干、晾晒，使经线结实，操作时耐用。现在的土家织锦经线一般都是在市场上买现成的工业棉线。

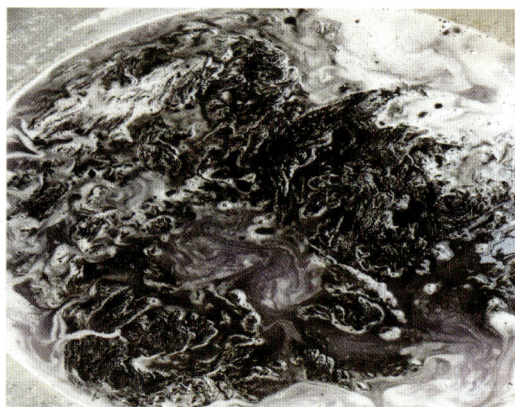

图3-1-10　经线上浆

4.倒筒

把染好的经线用纺车倒在竹筒上，倒筒的目的是为牵经线做准备（图3-1-11）。竹筒长约22cm为佳，竹筒太短和太长都不好用。竹筒太短，经线在竹筒上绕不了多少就会垮边。竹筒太长，在牵线过程中，竹筒的转动较慢，需要重新调整地桩。倒筒开始要把线头稍留长一点，在竹筒上绕几圈，然后按顺时针方向纺线，开始倒线时两头稍高，后面慢慢变成中间稍高，并且要把线倒紧，这样牵线时不会垮边。按传统的牵线方法一般倒20~30个筒为好。

图3-1-11　倒筒

5.数筘

数筘（图3-1-12）是牵经线前必做的工作。筘的宽度决定织锦的宽度。一般要牵多宽的筘幅，是通过用尺量宽度，再数筘的根数来计算的。数筘时把筘的总宽度两头做个记号，一个筘眼穿两根经线（一根8字套），例如，360个筘眼，按20个筒计算，需要牵18手经线（20×18=360），所以数筘是要在牵经线前计算好的。

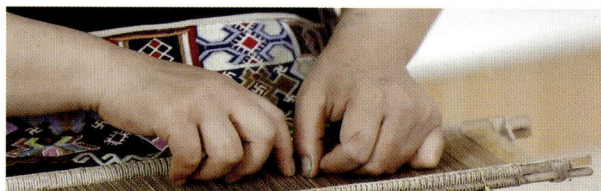

图3-1-12　数筘

二、牵经线

1.牵经线的场地用具

传统的牵经线要在室外平地处完成。选好场地后，把一根光滑的木桩插在一头的地里，木桩也叫地桩，木桩长约90cm，比箱要长20cm才好操作。另一头需要两根木桩竖着并列在一起，两根木桩之间相隔15cm左右距离，也就是牵线时方便放花岔岔（8字套）。两头地桩摆放的距离根据自己需要的长度来定。

目前牵经线基本上选择在室内完成，这样不受天气变化的影响。一般打地桩用一条直线就可以确定经线的长度，两根木桩并列在一起的叫篙桩。在离篙桩两米远的旁边放一块木板，木板的长度约2m，宽度为18cm左右，厚度为3~4cm。木板上面插上一排20多根小竹棍，相当于插在地上的小地桩。把倒好经线的竹筒一个一个地放在小地桩上面。每个竹筒之间相隔12cm左右（图3-1-13）。

图3-1-13　牵经线用具

2.牵经线

开始牵经线时，把小竹筒上面的线按顺序一根一根地拉起来，合并在一起，变成一大支线后，开始把这支线拉到一根地桩处，然后把这一大支线捆紧在地桩上。再把这一支线拉到两根木桩并列附近的一排小地桩对面时，准备捡花（图3-1-14、图3-1-15）。

图3-1-14　开始牵拉经线

图3-1-15　第一手经线先捆在第一根地桩处

3.捡花

把经线拉到一排小地桩的对面时，右手拿经线，左手把经线按从右至左的顺序，一根一根地挽上8字套，叫做捡花（花岔岔）（图3-1-16）。

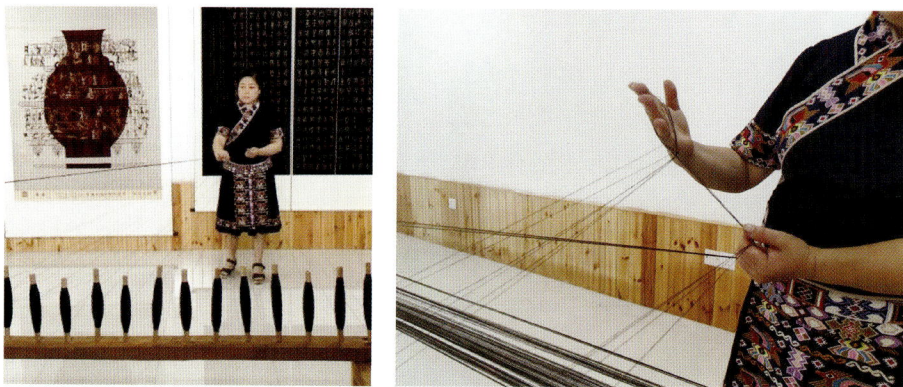

图3-1-16　捡花

4.将捡好的花岔岔放在两根木桩上

把第一手捡好的花岔岔放在两根竖着并列的地桩上，按8字套的顺序放好，然后把线再拉到一根地桩处时，经线是从右绕到左边，才算完成牵好第一手经线，这样反复操作，直到完成原来计算好的多少手经线或多少根经线（图3-1-17）。

图3-1-17　8字套（花岔岔）

5.穿花篙

经线分上下层就是由花篙开始的，其作用将整个花纹图案中的综分层。牵好经线后，把两根木桩上的经线用两根竹竿穿好花篙，并把花篙两头用粗线捆好，以免花篙线脱落，打乱花篙线顺序，完成牵经线工序（图3-1-18）。

图3-1-18　穿花篙

◎ **工作任务实施**

工作任务1　土家织锦牵经线工艺流程

学
生
工
作
手
册

➤ 工作情景描述

　　某就业部门要举行土家织锦技能大赛，要求能够按照土家织锦牵经线工序完成牵经线流程，每道工序完整，操作熟练，特别是在牵经线过程中，每手拉经线的力度要保持一致，使整个经线松紧一致，才能保证织造质量。

➤ 学习目标

　　1. 素质目标

　　（1）培养学生的职业道德和敬业精神。

　　（2）培养学生的社会责任心，具有认真、严谨的工作态度和虚心学习的态度。

　　（3）培养学生熟悉各种理论知识和熟练操作技能，以及善沟通、能协作、高标准、重创新的专业素质。

　　2. 知识目标

　　（1）培养学生的动手操作能力，掌握土家织锦牵经线的工艺流程，为织造做好充分的准备。

　　（2）掌握土家织锦牵经线的具体操作方法。

　　3. 能力目标

　　（1）具有吃苦耐劳的工匠精神，具备全面系统掌握土家织锦牵经线工艺流程及牵经线的核心技艺。

　　（2）具有较强的语言表达能力和操作能力。

➤ 建议课时

　　2课时

➤ 工作流程与活动

　　工作活动1：任务确立（课前自习）。

　　工作活动2：方案制定，准备场地和各种材料（20分钟）。

　　工作活动3：首先教师示范操作牵经线过程，扫二维码观看老师的微课内容，接下来学生动手操作牵经线的整个工艺流程（55分钟）。

　　工作活动4：任务评价与总结（15分钟）。

工作活动1　任务确立

一、活动思考

思考1：土家织锦牵经线有哪些工艺流程？

思考2：土家织锦牵经线过程的核心技艺是什么？

二、思想提升

"纸上得来终觉浅，绝知此事要躬行。"如何理解宋代陆游《冬夜读书示子聿》这句话中理论与实践的关系？

三、工作任务确立

1.土家织锦的第一道工序是选经线，选择_____、_____、_____材料作为经线。

2.经线一般采用_____、_____、_____三种颜色。大红色经线织出的纹样偏_____，一般结婚嫁妆被面采用大红色经线。深蓝和黑色经线织出的锦偏_____，色彩稳重、高雅，织壁挂通常选择黑色或蓝色。

3.传统土家织锦经线不管是采用棉、麻，还是丝，都会用_____或_____煮熟，将线在煮熟的_____或者_____里泡透，然后稍微清洗，使经线结实，操作时耐用。

4.倒筒是把经线倒在_____上，便于牵经线。竹筒长约22cm，竹筒太短和太长都不好用。

5.数筘是牵经线前必做的工作，筘的宽度_____织锦的宽度。

6.一般要牵多宽的筘幅，是通过用尺量宽度，再数筘的根数来计算的。一个筘眼穿_____经线（一根8字套），例如，360根筘眼，按20个筒计算，需要牵18手经线（20×18=360）。

7.选好场地后，把一根光滑的木桩插在一头的地里，木桩也叫地桩，另一头需要两根木桩竖着并列在一起，两根木桩之间相隔15cm左右距离，也就是牵线时方便放_____（8字套）。

8.开始拉经线时，把小竹筒上的线按顺序一根一根地拉起来，合并在一起，变成一大支线后，开始把这支线拉到一根地桩处，然后把这一大支线_____在地桩上。

9.把经线拉到一排的小地桩对面时，_____拿经线，_____把经线按从右至左，一根一根地挽上8字套，叫做捡花（花岔岔）。

10.把捡好的花岔岔放在两根_____的地桩上，按8字套的顺序放线，然后把线再拉到一根地桩处时，经线是从右绕到左边，完成第一手经线，这样反复操作。

11.牵好经线后，把两根木桩上的经线用两根竹竿穿好_____，并把花篙两头用粗线捆好，完成牵经线工序。

工作活动2　方案制定

一、活动思考

思考1：土家织锦牵经线时关键的是哪两步？

思考2：花篙线脱落对经线有影响吗？

二、思想提升

"古之立大事者，不惟有超世之才，亦必有坚忍不拔之志。"出自《晁错论》·苏轼。在牵经线过程中如何理解这句话的含义？对实际牵经线操作有何启示？

三、工作实施

工作步骤	工作要求	工作安排	工作记录
步骤一 工作方法与练习	在自学过程中，要想将牵经线的专业知识学得扎实，就得多学习老师的动手操作过程，然后自己动手多操作几次，提高操作的熟练程度，不懂多问，看文本资料学习	1.先自主学习土家织锦牵经线的工作需要 2.看老师的操作 3.自己动手操作	在实操过程中，边操作边做笔记，记录牵经线工艺的操作重点、要点和核心技艺
步骤二 加深专业知识的理解	通过学习和操作土家织锦牵经线的准备和操作过程，从中掌握牵经线前需要准备的各种材料知识，牵经线实操中的每个细节要掌握熟练	第一节课主要掌握牵经线准备的材料和老师的示范操作；第二节课自己动手，教师辅导	学习微课中的牵经线知识，记录重要的步骤名称
步骤三 掌握提出问题和总结的能力	通过学习和实际操作，把牵经线从材料准备到操作需掌握的知识和过程融会贯通，掌握其中的核心技能，提高归纳和总结牵经线的材料知识和动手操作技能	第二节课能快速操作牵经线的全部工序	能完整地组织语言，归纳操作中的知识点，并记录在学习笔记上

工作活动3　学微课

土家织锦牵经线准备　　土家织锦牵经线操作

工作活动4　任务评价与总结

一、评价

一级指标	序号	二级指标	序号	评价内容	权重	自评	互评	教师评
工作能力（30分）	1	思维能力	1	能够从不同的角度提出问题，并考虑解决问题的方法	1			
	2	自学能力	1	能够通过已学的知识经验，独立获取新的知识和信息	1			
			2	能够通过自己的实践能力来分析新的知识和技能，能将掌握的知识、技能正确运用到实践中	1			
	3	实践创作能力	1	能够根据获取的知识完成实际工作任务	5			
			2	能够规范、严谨地操作所学的技法，能独立完成操作步骤	5			
	4	创新能力	1	在小组讨论中能够与他人交流自己的想法，敢于标新立异	5			
			2	能够跳出固有的课内课外知识，提出新的见解，培养创新能力	5			
	5	表达能力	1	能够正确地组织和表达对牵经线操作知识的见解	5			
	6	合作能力	1	能够为小组提供信息，质疑、归类、阐明观点	2			
学习策略（20分）	1	学习方法	1	根据本次工作任务，对所学的内容进行归纳和总结	10			
	2	自我调控	1	根据本次任务，正确运用经线材料，熟练操作牵经线步骤	4			
			2	要特别掌握牵经线中拉经线的力度，保持经线松紧度平衡	2			
			3	能够有效利用各种学习资源，提高动手操作能力	4			

一级指标	序号	二级指标	序号	评价内容	权重	自评	互评	教师评
学习得分（50分）	1	职业岗位能力	1	掌握土家织锦牵经线的操作技能	10			
			2	在企业或行业中，能熟练地完成不同颜色牵经线的操作	10			
			3	依照土家织锦行业标准，能正确撰写牵经线每个环节的知识	30			
总评								

二、总结

反思	
改进	

94

○ 项目2
土家织锦牵经线中的经线上机

◎ **工作任务导入**

项目2　工作任务书	
学习内容	本项目主要学习土家织锦牵经线中的装筘、经线上滚板、第一次翻篙、滚经线、经线上滚棒、捡综、第二次翻篙、捡花、连接鱼儿与中斜杆及踩棍、穿篙筒等工序，这些工序必须按顺序完成 牵经线质量的好坏直接影响织造效果，所以在牵经线过程中每道工序都不能马虎
土家织锦牵经线中的工序	1.装筘。将竹筘的两端做上记号，右手拿挑花尺，从左至右穿进竹筘中 2.经线上滚板。把装筘时穿好的一根彩色线理顺，然后用一根约80cm的竹竿换成彩色线，把滚板放在织机的最前面（上面），再把穿好线的竹竿和线一起放到滚板上。把线理顺拉紧，完成经线上滚板 3.第一次翻篙。翻篙是为了将经线重新分层，把竹筘放前面，便于滚经线顺畅 4.滚经线。将经线梳理均匀，把所有经线的松紧整理一致后，将篙竿和竹筘慢慢往前移动，把梳理好的经线卷在滚板上 5.经线上滚棒。操作时，捆两边经线时要控制好两头经线的平衡度，再一支一支地捆在滚棒上。捆经线时先从左边捆一支，再从右边捆一支，这样使两边的经线松紧一致 6.捡综 （1）选一根稍粗且直的竹竿，将竹竿的一头用柴刀破开，用长约8cm的小竹棍把破开的地方撑开，进行捡综 （2）捡综时，捡篙竿的上面一层（第二根篙竿）从右边开始捡到左边，先把综线的开头用小竹条绕几圈，然后经过撑开的竹竿绕上一个8字套 7.第二次翻篙。捡完综线后，将花篙翻过综线，花篙在筘的前面，穿好花篙后，用线将两头捆好，称为第二次翻篙 8.捡花。将花篙平移到靠滚板附近后，第一根花棍不用挑，是综线层。直接从第二个花棍处穿好两根竹竿，然后穿到上斜眼中，将另一根竹竿穿到下斜眼中。穿好两根斜杆后，第二根上斜棍是关键，从右至左捡花，左手把筘前面的几十根线端起来。右手拿挑挑，从右至左，用挑一压一的方法按顺序捡花，捡花完成后，把竹竿穿到第二个上斜眼中 9.连接鱼儿与综线杆、中斜杆及踩棍。鱼儿头部连接综线杆，鱼儿尾巴连接中斜杆，再从中斜杆连接踩棍。踩棍离地面的高度约20cm，连接踩棍的高低决定穿梭的开口大小 10.穿篙筒。穿篙筒是织锦前的最后一道工序，篙筒起到经线分层的作用

项目2　工作任务书	
企业行业要求	在企业或土家织锦行业中，要求学员掌握土家织锦牵经线的方法，并能熟练操作全过程
任务要求	本项目有4个任务要求，具体如下： 　任务要求1：掌握土家织锦牵经线中装箱、经线上滚板、第一次翻篙等操作方法，25分钟 　任务要求2：掌握土家织锦牵经线中第一次翻篙、滚经线、经线上滚棒的操作方法，20分钟 　任务要求3：掌握土家织锦牵经线中第二次翻篙、捡综、捡花、连接鱼儿与中斜杆及踩棍、穿篙筒的操作方法，10分钟 　任务要求4：要求学生动手操作，按照老师的操作方法示范完成牵经线的每个工序，35分钟 　任务形式：先观看老师的操作示范，阅读学习资料，网上查阅资料，不懂的地方向老师咨询。掌握其中的操作要点，扫二维码学习微课知识，增加操作熟练程度 　建议课时：2课时
工作标准	1.工艺染织制作工（土家织锦）职业（工种）中级 （1）掌握装箱的和滚经线上滚板的方法 （2）掌握两次翻篙的时间和步骤 （3）掌握滚经线、捡综线的方法 （4）掌握捡花、连接鱼儿与综线及踩棍、穿篙筒的方法 对接方式： 掌握土家织锦牵经线中的装箱、经线上滚板、第一次翻篙、滚经线、经线上滚棒、捡综、第二次翻篙、捡花、连接鱼儿与中斜杆及踩棍、穿篙筒等知识要点和操作方法 2.工艺染织制作工（土家织锦）职业（工种）初级 （1）掌握装箱、经线上滚板、第一次翻篙的基本操作方法及部件的功能 （2）掌握滚经线、经线上滚棒、捡综的操作方法及其他部件的功能 （3）掌握第二次翻篙、捡花、连接鱼儿与中斜杆及踩棍、穿篙筒的操作方法及实用功能 对接方式： 掌握土家织锦牵经线中的第一次翻篙和第二次翻篙以及捡综的方法和层数等知识

◎ 小组协作与分工

课前： 请同学们按照男女同学各占一部分分组，协作完成牵经线工作任务，并在下面表格中写出每位同学的专业特长与分工情况。

组名	成员姓名	专业特长	学习情况

◎ **知识导入**

图 3-2-1

图 3-2-2

图 3-2-3

图 3-2-4

图 3-2-5

图 3-2-6

问题：在图 3-2-1~图 3-2-6 所示的土家织锦牵经线的图中，图_____表示装筘，图_____表示正在滚经线，图_____表示正在捡综，图_____表示正在穿篙筒。

◎ 知识准备

一、装筘、经线上滚板、第一次翻篙工序

1. 装筘

把竹筘放在织机的两块长木方上，人坐在织机上，按原来在筘上做的记号开始，右手拿挑挑从左至右穿进筘中，每个筘眼穿进一个8字套，是两根线，右手负责把穿进筘中的线拉出来，左手负责按花岔岔的顺序，一个花岔岔穿一个筘眼。穿完一手经线后，左手把线理清，同时会出现两层，用一根比筘长的粗彩色线穿好，以免穿进筘里的线抽出来，穿完筘就完成了装筘工序（图3-2-7、图3-2-8）。

图3-2-7　穿筘工序

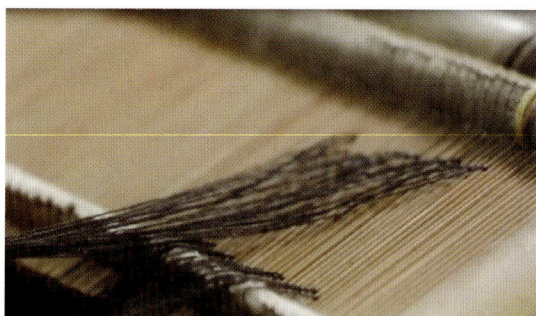

图3-2-8　装筘工序

2. 经线上滚板

把前面装筘时穿好的彩色线理顺，然后用一根约80cm的竹竿替代彩色线，把滚板放在织机的最前面（上面），再把穿好经线的竹竿和线一起拿到滚板上。经线放在滚板上后，把整个经线理顺、拉紧，如果出现一边线稍松一点的现象，在一根地桩处找一根粗线把松线拉紧，使整个经线松紧一致。若没控制好经线松紧度，织出来的纹样就不方正，会影响作品质量（图3-2-9）。

图 3-2-9　经线上滚板

3. 第一次翻篙

将穿好的彩色线换一根竹竿后，再把穿好经线的竹竿放在滚板上，并将经线拉紧，均匀地理顺经线，把竹竿上的经线靠在滚板上后，把经线和滚板一起滚两圈，竹竿上的经线就自然与滚板结合在一起，经线就很紧很直了。接下来就可以准备第一次翻篙了。第一次翻篙的作用是把有花岔岔的篙竿和竹筘交换位置，与竹筘交换位置的作用是在滚经线时使经线顺畅，这样经线不容易打结。翻篙过程中，将筘后面的第一根篙竿直接放在筘的前面，把另一根篙竿也要翻过去，就要把经线一支一支地一手往上提，另一只手往下压，竹筘的前面出现交叉层，另一只手接住，然后穿好篙竿，将经线一支一支地完成穿篙，交换穿篙竿完成后，把篙竿两头用线捆紧，第一根篙竿与第二根篙竿的距离相隔 12cm 左右（图 3-2-10）。

图 3-2-10　第一次翻篙

二、滚经线、经线上滚棒、捡综工序

1. 滚经线

将经线梳理均匀，把所有经线的松紧整理一致后，将篙竿和竹筘慢慢往前移动，把梳理好的经线卷在滚板上。在卷的过程中，需要注意的是卷十几圈要夹竹片或者是硬纸壳，防止垮边，如果出现经线一边松的现象，在松的一边垫一点硬纸或竹片，以保证后面织造时锦面平整，产品质量不受影响（图3-2-11）。

图3-2-11　滚经线

2. 经线上滚棒

将经线卷好后，把地桩上的经线取出来，一起打个结，以免经线打乱顺序。人坐在织机上后，把经线一支一支地梳理均匀，一支一支地打个结，然后把经线左右两边的第一支线先捆好，控制好两边经线的平衡，再把经线一支一支地捆在滚棒上。捆经线时从左边捆一支，再从右边捆一支，这样可使两边的经线松紧一致（图3-2-12）。

图3-2-12　经线上滚棒

3. 捡综

（1）选一根稍粗且直的竹竿，将竹竿的一头用刀破开长约25cm的口子，用长约8cm的小竹棍把破开的地方撑开。再选一根光滑的小竹条，小竹条的长度跟综杆差不多长，把撑开的一头和光滑的小竹条对齐，另一头用线捆起来固定。综线的材料是结实的棉线，综线的粗细有3根棉线大小就可以了。

（2）捡综时，要捡篙竿上面一层（第二根篙竿），从右边开始捡到左边，先把综线的开头从小竹条绕几圈，然后经过撑开的竹竿绕一个8字套。绕8字套的方向是从左绕到右，捡综时由第一根综线开始从右至左捡综，这样反复操作，直到捡综全部完成。捡综过程中需要注意的是，不能把两根综线绕在一起，必须一根一根地完成（图3-2-13）。

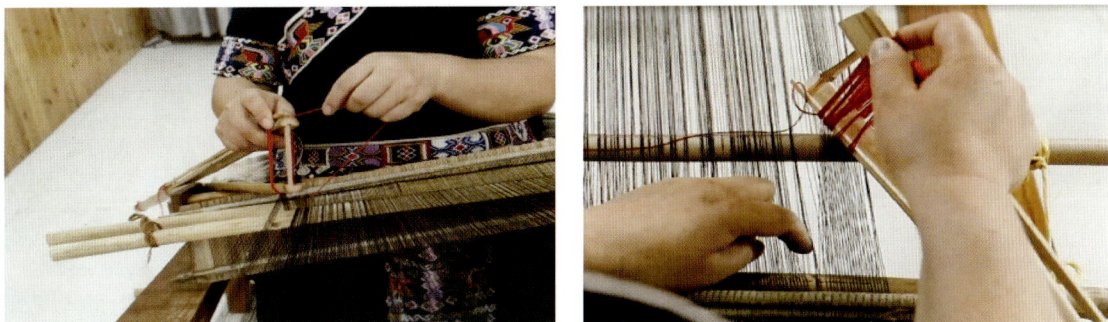

图3-2-13　捡综

三、第二次翻篙、捡花、连接鱼儿与中斜杆及踩棍、穿篙筒工序

1.第二次翻篙

捡完综线后，将花篙再次翻过综线，花篙要放在筘的前面，交换花篙称为第二次翻篙。交换花篙完成后，花篙一直靠近滚板附近位置。具体操作方法是，这层综线杆往前面平移，另一根花篙从右边开始把经线一支一支地提起来，与综线层交换位置，在提起的过程中一支一支往下压一下，经过综线，另一只手接住提起来的经线，与前面平移层交叉后，将两根花篙用粗线捆起来（图3-2-14）。

图3-2-14　第二次翻篙

2.捡花

把花棍平移到滚板附近后，第一根花棍不用挑，是综线层。直接从第二个花篙处穿好两根竹竿，然后将其中一根竹竿再穿到上斜眼中，同时另一根竹竿穿到下斜眼中。穿好两根斜杆后，第二根斜杆是关键，先用左手把筘前面的几十根线端起来，用挑一压一的方法按顺序从右至左捡花，捡好的花用竹竿穿好，捡花完成后，把竹竿穿到第二个上斜眼中，完成捡花工序（图3-2-15）。

图 3-2-15　捡花

3.连接鱼儿（鸟儿）与综线杆、中斜杆及踩棍

鱼儿头部连接综线杆，鱼儿尾巴连接中斜杆，再从中斜杆连接踩棍。踩棍离地面约20cm，踩棍决定穿梭的开口大小，两只鱼儿（鸟儿）起到杠杆提综的作用（图3-2-16、图3-2-17）。

图 3-2-16　连接综线杆、中斜杆

图 3-2-17　连接踩棍

4.穿篙筒

穿篙筒是织锦前的最后一道工序。把篙筒从上斜的两层线中穿过，篙筒起到使经线分层的作用，篙筒放在上斜的竹竿上，踩斜就是上斜，篙筒放到综线附近再踩斜，就是下斜。篙筒放在中斜杆上面，就是踩中斜。

◎ **工作任务实施**

工作任务2　土家织锦经线上机

学
生
工
作
手
册

> **工作情景描述**

　　某企业要经常举办土家织锦技能大赛，或职业资格考试，大赛考试要求掌握土家织锦牵经线的基础知识和操作技能，理论知识占30%，实操占70%。

　　掌握土家织锦牵经线的全套技艺，不仅可以成为土家织锦技术能手或技师，还会对今后设计和生产土家织锦创新产品起到重要的作用。

> **学习目标**

1. 素质目标

（1）培养学生的职业道德和敬业精神。

（2）培养学生的社会责任心，具有认真、严谨的工作态度和虚心学习的态度。

（3）培养学生掌握牵经线的操作技能，具有精益求精的工匠精神以及善沟通、能协作、高标准、重创新的专业素质。

2. 知识目标

（1）培养学生能自主学习的能力，掌握土家织锦牵经线中的实践知识，为织造和创新设计打下坚实的基础。

（2）掌握土家织锦牵经线中的装筘和捡综及捡花等核心技艺。

3. 能力目标

（1）具有吃苦耐劳的工匠精神，具备全面掌握土家织锦牵经线的各种操作能力。

（2）具有较强的表达能力和动手能力。

> **建议课时**

　　2课时

> **工作流程与活动**

　　工作活动1：任务确立（课前自习）。

　　工作活动2：方案制定（10分钟），准备好各种工具和材料，便于牵经线过程中操作和工作的连续性。

　　工作活动3：看完老师的示范操作后，学生自己动手操作，不懂的地方咨询老师或者扫二维码观看微课内容（65分钟）。

　　工作活动4：任务评价与总结（15分钟）。

工作活动1 任务确立

一、活动思考

思考1：通过哪些工作方法可以掌握土家织锦牵经线的操作方法？

思考2：土家织锦牵经线的核心技艺有哪几项？

二、思想提升

"古之立大事者，不惟有超世之才，亦必有坚忍不拔之志"。如何理解苏轼《晁错论》里这句话的含义？

三、工作任务的确立

1.装筘时，每个筘眼穿进一个8字套，是两根线，右手负责将一个花岔岔8字套用挑花尺穿进一个筘眼中，左手负责按花岔岔的顺序从筘中拉出来，每一个_____穿一个筘眼，也就是一个筘眼装两根线。

2.第一次翻篙，将穿好的彩色线换一根竹竿，并穿好。再把穿好线的竹竿放在滚板上，并将经线拉紧、均匀地理顺经线，把竹竿上的经线靠在滚板上，一起把经线和滚板滚两圈，竹竿上的_____自然与滚板结合在一起了。

3.滚经线时，如果出现经线一边松的现象，在松的一边垫一点硬纸或者_____，以保证织造时锦面平整，产品质量不受影响。

4.经线上滚棒，把经线梳理好后，先把经线左右两边的第一支线捆好，控制好_____平衡，捆经线时从左边捆一支，再从右边捆一支，这样使两边的经线松紧一致。

5.捡综线时要捡篙竿上面一层（第二根篙竿），从_____开始捡到左边。

6.捡综时，先把综线的开头从小竹条绕几圈，然后经过撑开的竹竿绕上一个_____。绕_____的方向是从_____绕到_____，捡综时由第一根综线从右边至左边开始捡综，这样反复操作，直到捡综全部完成。

7.捡完综线后，将花篙翻过综线，花篙在_____的前面，称为第二次翻篙。

8.捡花是把花棍平移到滚板附近后，第一根花篙不用挑，是综线层。直接穿到下斜眼中，另一根穿到_____中后，在_____中挑花，挑花时从_____开始，从右至左，进行用挑一压一的方法按穿筘的顺序进行挑花，然后用竹竿穿好后穿进上斜眼中，完成捡花工序。

9.连接鱼儿（鸟儿）与综线杆及踩棍的方法是：鱼儿头部连接_____，鱼儿尾巴连接_____，再从中斜杆连接_____。

10.穿篙筒是_____前的最后一道工序，把篙筒从_____中穿过，篙筒起到使经线分层的作用。

工作活动2　方案制定

一、活动思考

思考1：土家织锦牵经线中经线上机包括哪些步骤？

思考2：土家织锦牵经线中最重要的工序有哪几步？

二、思想提升

"君不见昆吾铁冶飞炎烟，红光紫气俱赫然。"出自《古剑篇》·郭震。在牵经线的经线上机过程中，如何理解这句话的含义？对整个操作过程中又有何启示？

三、工作实施

工作步骤	工作要求	工作安排	工作记录
步骤一工作方法与操作	在操作经线上机的过程中，要想熟练操作牵经线上机，就得通过观看老师的实操和学习资料，参考微课中牵经线的资料等，自己多动手操作	先观看老师操作经线上机的过程，后自己动手操作	观看老师操作的每一个步骤，通过拍照记录重要步骤
步骤二实际操作经线上机的全过程	操作经线上机全过程，要掌握每个步骤的核心技艺，如滚经线时经线的松紧度要一致，装筘时取8字套顺序，捡综线时捡上层，以及从哪个方向开始，捡花的方向及方法，这些核心技艺是要反复操作练习，才能把牵经线中经线上机操作好	在老师的指导下自己动手操作，注意每个操作要领，不懂时多问老师或看微课	记录好每个操作步骤和方法，特别是核心技艺应该记录在笔记本上
步骤三掌握提出问题和总结的能力	通过操作经线上机，能熟练操作每个步骤，能把牵经线知识融会贯通，快速回答所有问题，提高归纳和总结牵经线中经线上机的操作方法	从实操、看微课、文本资料及其他各种学习资料中找到本任务的核心技艺并进行总结	能组织语言，归纳各个经线上机的知识点，并记录在学习笔记上

工作活动3　学微课

装筘、经线上滚板、
第一次翻篙

滚经线、经线
上滚棒、捡综

第二次翻篙、捡花、连接鱼
儿与中斜杆及踩棍、穿篙筒

工作活动4　任务评价与总结

一、评价

一级指标	序号	二级指标	序号	评价内容	权重	自评	互评	教师评
工作能力（30分）	1	思维能力	1	能够从不同的角度提出问题，并考虑解决问题的方法	1			
	2	自学能力	1	能够通过已掌握的技能、操作步骤，独立操作牵经线中经线上机的全过程	1			
			2	能够通过操作，分析核心技能，并能正确地操作每个步骤	1			
	3	实践创作能力	1	能够根据所学内容获取新的知识，完成牵经线的工作任务	5			
			2	能够规范、严谨地撰写所学内容的重难点知识	5			
	4	创新能力	1	在小组讨论中能够与他人交流自己的想法，敢于标新立异	5			
			2	能够跳出固有的课内课外知识，提出独到的见解，培养自己的动手能力	5			
	5	表达能力	1	能够正确地组织和表达自己对经线上机操作的见解	5			
	6	合作能力	1	能够为小组提供信息，质疑、归类、阐明观点	2			
学习策略（20分）	1	学习方法	1	根据本次工作任务对自己学习的内容进行归纳，划重难点	10			
	2	自我调控	1	能根据本次工作任务掌握牵经线的正确操作方法	4			
			2	能够整合各种操作方法，进行比较后，更好地运用新的方法和步骤	2			
			3	能够有效地利用各种资源进行学习	4			

一级指标	序号	二级指标	序号	评价内容	权重	自评	互评	教师评
学习得分（50分）	1	职业岗位能力	1	熟练掌握经线上机的方法和步骤	10			
			2	熟练掌握经线上机的核心技艺，能熟练、准确地操作好各个工序	10			
			3	依照土家织锦行业标准，能正确撰写和操作牵经线中的知识和步骤	30			
总评								

二、总结

反思	
改进	

○ 项目3 / 土家织锦织造工艺

◎ 工作任务导入

项目3　工作任务书	
任务	本项目主要介绍土家织锦的织造工艺和方法 任务1：掌握织布边、织平纹的操作方法 任务2：掌握织斜纹、织斜纹抠斜的操作方法
织布边、织平纹的方法与步骤	1.织布边。织布边是织造工艺中比较简单的，共分为两个步骤。在织造过程中，要把撑子往上移，否则织多了会缩筘，影响锦面质量 2.织平纹（织对斜）。平纹又称对斜，纵向对齐排列的颗粒组成的织锦图案就是对斜图案，采用平纹组织
织斜纹与斜纹抠斜的操作方法与步骤	1.织斜纹。斜纹又称"上下斜"，纵向上下交错二分之一排列的颗粒组成的织锦图案就是上下斜图案，采用斜纹组织 织斜纹与织平纹不同，织斜纹只穿一次梭子线 2.织斜纹抠斜。抠斜是在斜纹图案中出现一条或几条直线条，这种织直线的方法就叫抠斜。抠斜方法中，踩斜的方法与斜纹踩斜的方法一样，不同的地方就是抠斜。斜纹织出来的锦面是有斜向颗粒的
织造实操练习	按照老师操作和指导的方法，学生自己动手练习织布边、织平纹、织斜纹、织斜纹抠斜等传统织造方法，在织造过程中出现不会织或不会踩斜等问题，可以咨询老师，也可以看微课资料或视频，使自己能快速掌握织锦的织造方法
企业行业要求	要求学员在企业、行业培训中，掌握土家织锦的各种织造方法，具备熟练的动手操作能力
任务要求	本项目有4个任务要求，具体如下： 任务要求1：学生进行操作练习并掌织布边的方法，1小时（老师示范20分钟，学生动手40分钟） 任务要求2：学生进行操作练习并掌握织平纹的方法，6小时（老师示范30分钟，学生动手练习5个半小时） 任务要求3：学生进行操作练习并掌握织斜纹的方法；6小时（老师示范30分钟，学生动手练习5个半小时） 任务要求4：学生进行操作练习并掌握织斜纹抠斜的方法，6小时，（老师示范30分钟，学生动手练习5个半小时） 任务形式：先看老师的示范，再阅读学习资料，掌握几种织造的操作步骤和织造方法，不懂的地方咨询老师或扫二维码学习微课知识 建议课时：19课时

续表

项目3　工作任务书	
工作标准	1.工艺染织制作工（土家织锦）职业（工种）中级 （1）掌握土家织锦织布边的踩斜操作方法 （2）掌握土家织锦织平纹的踩斜方法和看图方法以及注意事项 （3）掌握土家织锦织斜纹的踩斜方法及织造过程中扯斜技法的操作及注意事项 （4）掌握土家织锦织斜纹抠斜的织造技艺及斜纹与斜纹抠斜的不同之处 对接方式：熟练掌握土家织锦织布边、织平纹、织斜纹、织斜纹抠斜的织造方法 2.工艺染织制作工（土家织锦）职业（工种）初级 （1）掌握土家织锦织布边的方法及注意事项 （2）掌握土家织锦织平纹的织造方法及看图知识 （3）掌握土家织锦斜纹织造方法及扯斜与不扯斜的区别 对接方式：熟练掌握土家织锦织平纹及斜纹两种织造方法

◎ 小组协作与分工

课前： 请同学们按照男女同学各占一部分，分组协作完成土家织锦织造工作任务，并在下面表格中写出每位同学的专业特长与工作情况。

组名	成员姓名	专业特长	学习情况

◎ 知识导入

图 3-3-1

图 3-3-2

图 3-3-3

图 3-3-4

图 3-3-5

图 3-3-6

图 3-3-7

图 3-3-8

问题： 图 3-3-1~图 3-3-8 所示的土家织锦织造图中，图_____是正在织布边的过程，图_____是踩平纹的方法，图_____表示土家织锦织平纹的过程，图_____表示织好的平纹土家织锦成品，图_____表示踩斜纹的方法，图_____表示织好的斜纹土家织锦成品，图_____表示正在织斜纹抠斜，图_____表示织好的斜纹抠斜土家织锦成品。

◎ 知识准备

一、织布边、织平纹

1. 织布边

织布边的方法：

第一步，从右边开始，右手拿着梭子，左手把篙筒放在中斜杆上，脚踩踩棍，综线开口有两层，梭子从右边穿到左边，左手接过梭子，脚就不用踩了。初学者踩斜、穿梭时腰稍微往前倾斜一点儿，中斜开口大，便于穿梭。如图 3-3-9 所示。

第二步，梭子在左边，要穿到右边去，脚不用踩踩棍，只要身体稍微往后靠，把经线拉紧。同时穿梭前要把篙筒放在中斜杆上面，这样经线开口大，便于穿梭。穿好梭子后，两只手握住梭子的手把柄，用一点儿暗劲，把纬线打紧，然后右手接过梭子。如图 3-3-10 所示。

接下来重复第一步和第二步，这样反复操作完成布边（图 3-3-11）。需要注意的是，织好 2cm 左右的布边，要把撑子往前移，否则布边织多了会缩筘，影响锦面质量。

图 3-3-9 篙筒放在中斜杆上，脚踩踩棍

图 3-3-10 左手拿梭子穿到左边

图 3-3-11 注意在布边处移动撑子

2. 织平纹

平纹又称"对斜"，纵向对齐排列的颗组成的织锦图案，就是对斜图案，是平纹组织结构（图 3-3-12）。

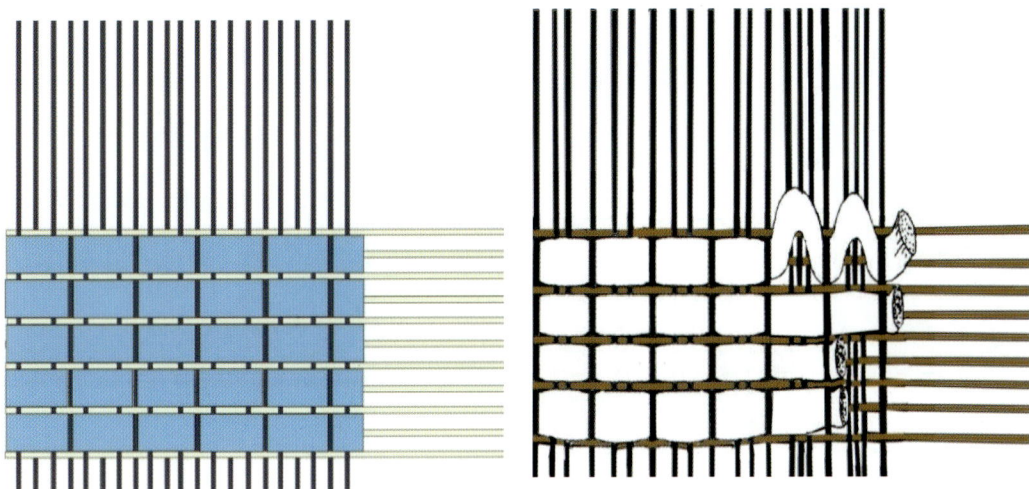

图3-3-12　平纹组织结构图

织平纹的方法：

第一步，把篙筒放在中斜杆上面，右手拿梭子，脚踩中斜，踩后开篙有两层，把梭子穿到左边，左手接过梭子后，脚不用踩了。

第二步，篙筒放在中斜杆上面，脚不用踩斜，把经线绷紧，出现两层后，左手穿中斜，穿好梭后，两只手握住梭子两端的手把柄，打紧穿好的纬线，右手接过梭子。

第三步，把篙筒放在靠综线杆处，踩下斜，开篙有三层，从右边穿梭，一共有三层，上面留两层，把梭子穿在中间，底下留一层经线，然后把织好的花纬打紧（图3-3-13、图3-3-14）。

图3-3-13　篙筒放在靠综线杆处准备踩下斜

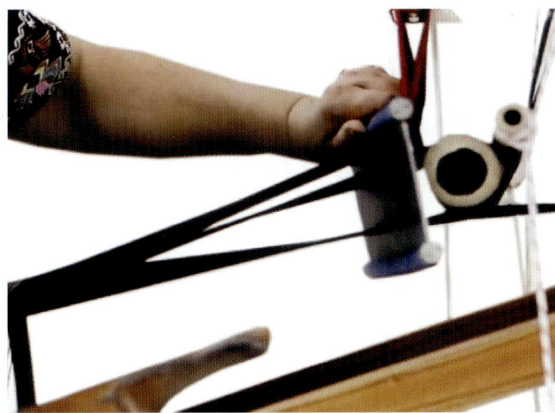

图3-3-14　分三层穿，中下层间打紧

第四步，织图案。按照图案的变化来挑花，如：红三、黑四、黄六，挑花时，正常的格子是三根线为一格，一格与另一格之间有一根经线隔开，也就是挑三压一。如果纬线的线头在左边，用右手从右边开始挑花，反之，则从左边开始挑花（图3-3-15、图3-3-16）。

以上步骤是织一行锦的方法，下一行穿梭和脚踩踩棍的方法是一样的，不同的是织锦的花纹变化不一样。

图3-3-15　挑花

图3-3-16　织平纹图案

二、织斜纹和斜纹抠斜

1.织斜纹

斜纹又称"上下斜"，纵向上下交错二分之一排列的颗组成的织锦图案就是上下斜图案，是斜纹组织（图3-3-17）。

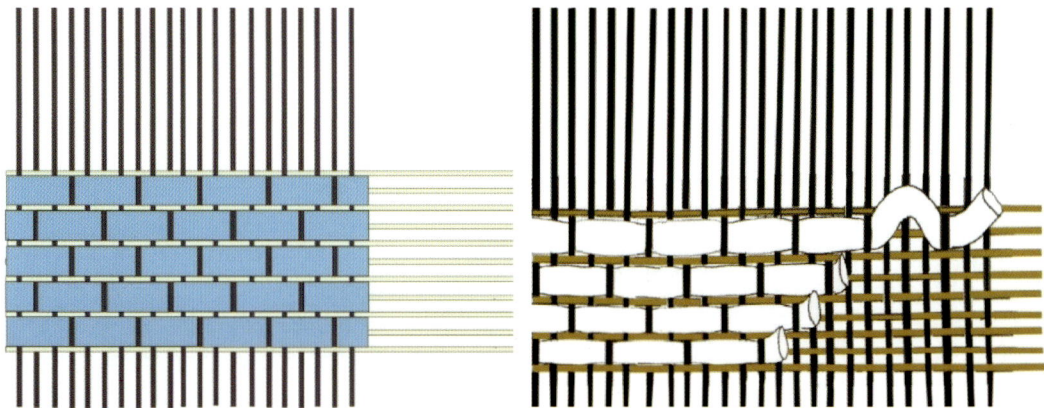

图3-3-17　斜纹组织结构图

织斜纹的方法如下：

与织平纹不同，织斜纹只穿一次梭子线。

第一步，梭子在右边踩中斜，把篙筒放在中斜杆上，用脚踩，经线开口有两层，穿梭时把梭子从右边穿到左边，再把经线绷紧后，穿梭到中斜，两只手握住梭子的手把柄，用梭子打两三下织好的锦。在右边的综线杆上捆一根长度为一米左右的结实的棉线，跟着梭子从右穿到左边。然后把梭子退回左边，脚穿下斜，呈现三层，穿梭时上面留两层、下面留一层后再穿梭子，再挑花（图3-3-18、图3-3-19）。

第二步，梭子穿中斜，梭子在左边，不用踩斜，把经线绷紧，经线开口有两层，梭子穿在两层的中间，梭子穿到中间后，两只手握住梭子的手把柄，拍打两三下织好的锦，再把梭子拉到右边来，把篙筒放在上斜杆上面，然后，轻轻踩，把箔慢慢往上推，出现三层后再穿

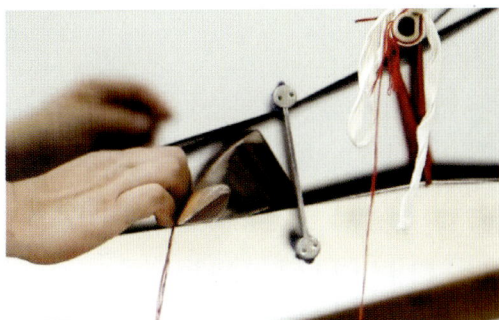

图 3-3-18   扯斜线

图 3-3-19   挑花

梭，完成穿梭后，把篙筒放下来，打紧，挑花，完成第二步（图 3-3-20~图 3-3-23）。

第三步和第一步方法相同，第四步和第二步方法相同。

图 3-3-20   篙筒放在上斜杆上面

图 3-3-21   轻轻踩棍，筘慢慢往上推，穿梭

图 3-3-22   穿好上斜后把篙筒放下

图 3-3-23   斜纹图案韭菜花

织斜纹有扯斜和不扯斜之分。织下斜时，综线杆的右边捆一根结实的棉线，棉线的粗细跟综线一样粗即可，打中斜时，将长 110cm 左右的棉线，拉进中斜开口内，再把梭子退出来，踩下斜，斜线放在两层中间，踩好斜后直接开始织锦，这是扯斜的织法，扯斜的织锦锦面细腻；不扯斜的织锦就是要穿两次梭子线，梭子从右边穿到左边要踩中斜，梭子从左边穿到右边不用踩斜，不扯斜的织锦锦面纹样要显得更突出和粗糙一些。

2.织斜纹抠斜

抠斜是在斜纹中出现一条或几条直线条，这种织直线的方法就叫抠斜。在上下斜中，将并列的两颗分别抠半颗，也就是左边一格的三根线中边上的一根、右边一格三根线靠左边的一根线、再加上两根线的隔开线，重新组成一格（颗），呈上下斜中的对斜图案（图3-3-24）。

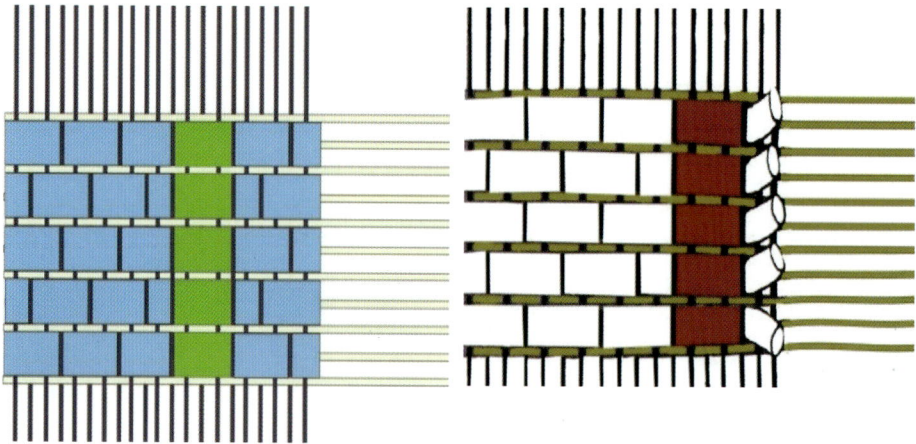

图3-3-24　斜纹抠斜组织结构图

斜纹抠斜的方法：

其中踩斜的方法跟斜纹踩斜方法相同。不同之处就是抠斜。斜纹织出来的锦面是有斜颗粒的，而抠斜是在斜纹中出现一条或几条直线，这种直线就叫抠斜。一般抠斜是在织上斜时抠，第一行开头织下斜时不用抠斜，再织第二行上斜时，在直线处要对齐上一格子，把挑三压一中压下去的那一根线抠上来，把两边各一格的边线各挑一根线，加上两格之间底下压的那一根线抠上来（图3-3-25），一共三根线变为一格。不抠斜附近的两格线抠斜后，每格只剩两根线，可以把剩下的左右两根线各压一根或者不压，和周围的格子一起织。织第二行下斜时就不要抠斜，也就是下斜不抠斜，上斜抠斜。图3-3-26所示为抠斜图案椅子花。

图3-3-25　挑三压一

图3-3-26　抠斜图案椅子花

◎ 工作任务实施

工作任务3　土家织锦织造工艺

学
生
工
作
手
册

➢ 工作情景描述

　　某企业经常举办土家织锦技能大赛或其他职业资格考试，大赛或考试要求实操土家织锦的织造并掌握理论知识，理论知识占30%，实操占70%。

　　通过比赛可以考察学员掌握土家织锦织造技艺的程度，是否掌握了土家织锦的各种织造技法，能否成为土家织锦技术能手或技能大师，这对土家织锦创新产品的设计和生产具有重要的作用，可为企业培养设计与制作技术人才。

➢ 学习目标

1.素质目标

　　（1）培养学生的职业道德和敬业精神。

　　（2）培养学生的社会责任心，认真、严谨的工作态度和虚心学习的态度。

　　（3）培养学生掌握土家织锦几种织造方法，在操作过程中培养学生精益求精的工匠精神，善沟通、能协作、高标准、重创新的专业素质。

2.知识目标

　　（1）培养学生自主学习的能力，掌握土家织锦织造的各种知识和技能，为后面的创新设计和生产打下坚实的基础。

　　（2）使学生掌握土家织锦织平纹和织斜纹的踩斜方法、篙筒摆放位置的不同和织造时看图纸的方法。

3.能力目标

　　（1）使学生具有吃苦耐劳的工匠精神，具备土家织锦织布边、织平纹、织斜纹、织斜纹抠斜的各种技能。

　　（2）使学生有较强的操作能力，制作的作品锦面平整、光滑、细腻。

➢ 建议课时

　　19课时

➢ 工作流程与活动

　　工作活动1：任务确立（课前自习）。

　　工作活动2：方案制定（25分钟），准备好工具和材料，使织布边、织平纹、织斜纹、织斜纹抠斜过程中方便操作和工作的连续性。

　　工作活动3：学生先看老师的操作，然后学生自己动手操作织布边、织平纹、织斜纹、织斜纹抠斜的多种织法，不懂的地方咨询老师或扫二维码观看微课内容等知识（18课时）。

　　工作活动4：任务评价与总结（20分钟）。

工作活动1　任务确立

一、活动思考

思考1：土家织锦中布边、平纹、斜纹和斜纹抠斜的结构有哪些外观上的区别？

思考2：土家织锦织布边、织平纹、织斜纹、织斜纹抠斜的核心技艺是什么？

二、思想提升

"劳动是知识的源泉，知识是生活的指南。"你如何理解陶铸这句话的含义？

三、工作任务的确立

1.织布边的第一步，从＿＿＿＿＿＿开始，＿＿＿＿＿＿拿着梭子，＿＿＿＿＿＿把花筒放在中斜杆上，脚踩踩棍，综线开口有两层，梭子从右边穿到左边，左手接过梭子，脚就不用踩了。

2.织布边的第二步，梭子在＿＿＿＿＿＿，要穿到＿＿＿＿＿＿去，＿＿＿＿＿＿不用踩踩棍，只要身体稍微往后靠，把经线拉紧。同时穿梭前要把篙筒放在中斜杆上面，这样经线开口大，便于穿梭，穿好梭子后，两只手握住梭子的手把柄，用一点儿暗劲，把＿＿＿＿＿＿打紧，然后右手接过梭子。

3.织布边的第三步跟第一步相同，第四步跟第二步相同，这样反复操作完成布边。需要注意的是，布边织好2cm左右，要把＿＿＿＿＿＿，否则布边织多了会缩箱，影响锦面质量。

4.平纹又称＿＿＿＿＿＿，纵向对齐排列的颗组成的织锦图案，就是＿＿＿＿＿＿图案，是平纹组织。

5.织平纹第一步，把篙筒放在＿＿＿＿＿＿上面，＿＿＿＿＿＿拿梭子，脚踩中斜，踩后开篙有两层，把梭子穿到左边，左手接过梭子后，脚不用踩了。

6.织平纹第二步，篙筒放在中斜杆上面，脚不用踩斜，把经线绷紧，出现两层后，＿＿＿＿＿＿穿中斜，穿好梭后，两只手握住梭子两端的手把柄，打紧＿＿＿＿＿＿，＿＿＿＿＿＿接过梭子。

7.织平纹第三步，把篙筒放在靠＿＿＿＿＿＿处，踩下斜，开篙有＿＿＿＿＿＿层，从右边穿梭，一共有＿＿＿＿＿＿层，上面留＿＿＿＿＿＿层，把梭子穿在中间，底下留＿＿＿＿＿＿层经线，穿梭后把织好的＿＿＿＿＿＿打紧。

8.织平纹第四步，织图案。按照＿＿＿＿＿＿的变化来挑花。如：红三、黑四、黄六，挑花时，正常的格子是＿＿＿＿＿＿为一格，一格与另一格之间有一根经线隔开，也就是＿＿＿＿＿＿。

9.斜纹又称＿＿＿＿＿＿，纵向上下交错二分之一排列的颗组成的织锦图案，就是＿＿＿＿＿＿图案，是斜纹组织。

10.织斜纹只穿＿＿＿＿＿＿梭子线。

11.织斜纹时，在右边的＿＿＿＿＿＿上捆一根长度为一米左右的结实棉线，跟着梭子从右穿到左边。然后把梭子退回左边，脚穿下斜，呈现_____层，穿梭时上面留_____层，下面留_____层后再穿梭子，打紧_____后再挑花。

12.织斜纹第二步，梭子穿中斜，梭子在左边，不用踩斜，把_____绷紧，经线开口有_____层，梭子穿在_____层的_____，梭子穿到_____后，两只手握住梭子手把柄，拍打两三下织好的锦，再把梭子拉到_____边来，把篙筒放在_____上面，然后脚轻轻踩，把_____慢慢往上推，出现_____层后再穿梭，完成穿梭后，把篙筒放下来，打紧，挑花，完成第二步。

13.抠斜是在斜纹中出现一条或者几条_____条，这种织_____的方法就叫抠斜。在上下斜中，将并列的两颗分别_____半颗，也就是左边一格的三根线中边上的一根、右边一格三根线靠左边的一根线、再加上两根线的隔开线，重新组成一格（颗），呈上下斜中的对斜图案。

14.斜纹抠斜方法：其中踩斜的方法跟斜纹踩斜方法是一样的。不同的地方就是_____斜，斜纹织出来的锦面是有_____。而抠斜是在斜纹中出现一条或者几条_____，这种_____就叫抠斜。

工作活动2　方案制定

一、活动思考

思考1：土家织锦的织造工艺包括哪几项？
思考2：土家织锦的织造技艺中最难织的是哪些技法？

二、思想提升

"锲而舍之，朽木不折；锲而不舍，金石可镂。"《荀子·劝学》。结合土家织锦的织造过程如何理解这句话的含义？在织造过程中遇到困难应该如何迎难而上，解决问题？

三、工作实施

工作步骤	工作要求	工作安排	工作记录
步骤一工作方法与操作	在操作织布边、织平纹、织斜纹、织斜纹抠斜过程中，要想学到扎实的功夫，就需要通过自己刻苦的训练和操作，使工艺精湛。不懂的要请教老师，观看老师的实际操作并学习文本资料，参考微课中的织造视频资料等，自己多动手操作，才能熟练操作土家织锦的织造方法，达到织锦能手的高级水平	先观看老师操作织布边、织平纹、织斜纹、织斜纹抠斜的过程，然后自己动手操作，并熟练掌握各种织造方法	观看老师操作的每一个步骤，要拍照，然后记录重要步骤

续表

工作步骤	工作要求	工作安排	工作记录
步骤二 实际操作 四种织造 过程	老师先操作土家织锦织造的每一个步骤及注意事项，再让学生动手操作，掌握每一个步骤的核心技艺及如何看图、缩筘等。无论多么复杂的图纸都能达到熟练操作的程度	在老师的指导下学生动手操作，注意每一个操作要领，不懂时多问老师或看微课内容	记录好每一个操作步骤和方法，特别是核心技艺，应记录在笔记本上
步骤三 学会提出 问题和总 结的能力	通过学习土家织锦的织造技艺，能熟练操作每个步骤，能把织布边、织平纹、织斜纹、斜纹抠斜的知识和技能融会贯通，能快速回答相关问题，能归纳和总结土家织锦织造的各种操作方法和核心技艺	从动手操作、看微课、文本资料、其他学习资料中找到土家织锦核心技艺的操作方法	能组织语言，归纳各种织造方法的知识点，并记录在学习笔记上

工作活动3　学微课

织布边　　　　　　　　　　织平纹

织斜纹　　　　　　　织斜纹抠斜

工作活动4　任务评价与总结

一、评价

一级指标	序号	二级指标	序号	评价内容	权重	自评	互评	教师评
工作能力（30分）	1	思维能力	1	能够从不同角度提出问题，并考虑解决问题的方法	1			
	2	自学能力	1	能够通过已掌握的技能、操作步骤，独立操作土家织锦织造的全过程	1			
			2	能够通过操作，分析核心技艺，并能正确地操作每个步骤	1			
	3	实践创作能力	1	能够根据自己所学内容获取新的知识，完成土家织锦织造的工作任务	5			
			2	能够规范、严谨地撰写所学内容的重难点知识	5			
	4	创新能力	1	在小组讨论中能够与他人交流自己的想法，敢于标新立异	5			
			2	能够跳出固有的课内课外知识，提出自己的见解，培养动手能力	5			
	5	表达能力	1	能够正确地组织和表达土家织锦织造操作的内容和步骤	5			
	6	合作能力	1	能够为小组提供信息，质疑、归类、阐明观点	2			
学习策略（20分）	1	学习方法	1	根据本次工作任务对所学的内容进行归纳，总结重难点知识	10			
	2	自我调控	1	能根据本次工作任务，正确地织造织平纹、织斜纹、织斜纹抠斜	4			
			2	能够正确地整合各种操作方法，进行比较，更好地运用新的方法和步骤	2			
			3	能够有效地利用各种学习资源进行学习	4			

一级 指标	序号	二级 指标	序号	评价内容	权重	自评	互评	教师评
学习 得分 （50分）	1	职业 岗位 能力	1	熟练掌握土家织锦的各种织造方法和步骤	10			
			2	熟练掌握织造斜纹、斜纹抠斜的核心技艺，操作时动作熟练，能准确地织出各种图案	10			
			3	依照土家织锦行业标准，能正确撰写土家织锦织造的相关知识点并操作所有织锦图案	30			
总评								

二、总结

反思	
改进	

模块 4

土家织锦的色彩与图案

土家织锦的色彩

◎ 工作任务导入

项目1　工作任务书	
土家织锦色彩构成特点	土家织锦以色彩厚重艳丽著称，以设色随心所欲、信手拈来见长，这是受武陵山区丰富的自然资源所影响。织造土家织锦时，艺人常借鉴艳丽的山花，锦鸡的羽毛，天际的彩霞等大自然浪漫而丰富的颜色，同时也根据生活实用功能的需要进行调整，具有灵活多变、随意等特点
土家织锦色彩——忌白尚黑	土家织锦的传统图案中很少用白色来作底色，也没有成块的白色出现。白色在西水流域土家人的习惯中有"不吉祥"的含义，土家人"忌白尚黑""忌白"是"赶白虎"民俗的延伸
土家织锦色彩——原色的对比与复色的互补以及退晕手法	红色是传统土家织锦的主要色调，土家人"崇红尚黑"。原色的对比和运用是土家织锦中最常见的色彩搭配方式，如红、黄、蓝三原色，并延伸至红、黄、绿、蓝、黑。将一对对相互独立而又鲜艳的原色放在一起，通过对比，色彩的面积、构图及其他一些特定空间因素构成整体效应 　在传统土家织锦中，很多纹样都运用明度较高、对比强烈的色块来相互映衬，既鲜艳悦目，又统一协调
土家织锦配色原理	1.对比配色。补色对比配色、明暗对比配色、冷暖对比配色 2.调和处理。深色为底、浅色显花等配色方法
企业行业要求	要求学员掌握土家织锦的色彩构成特点及色彩的搭配方法
任务要求	本项目有2个任务要求，具体如下： 任务要求1：学习土家织锦的色彩构成知识，20分钟 任务要求2：学习土家织锦的配色原理知识，25分钟 任务形式：阅读文本资料，上网查阅其他学习资料，掌握重难点知识，扫二维码学习微课，加深对土家织锦配色知识的理解 建议课时：1课时

续表

项目 1　工作任务书	
工作标准	1.工艺染织制作工（土家织锦）职业（工种）初级 （1）掌握土家织锦的色彩构成知识 （2）掌握土家织锦的配色原理知识 对接方式： （1）掌握土家织锦的用色特点：忌白尚黑、原色的对比与复色的互补以及退晕手法 （2）掌握土家织锦配色原理：对比配色、调和处理 2.工艺染织制作工（土家织锦）职业（工种）中级 （1）掌握土家织锦的色彩构成特点 （2）掌握土家族文化对于传统土家织锦配色的直接影响 （3）掌握传统土家织锦选择经线颜色的方法 （4）掌握退晕手法在土家织锦设计中的运用 （5）掌握对比配色、调和处理等方法来进行色彩搭配 对接方式： 掌握传统土家织锦在配色过程中采用大自然色谱、信手拈来的手法，使配色对比强烈又统一协调

◎ 小组协作与分工

课前：请同学们按照男女同学各占一部分分组，协作找出土家织锦传统纹样中的对比配色和调和处理的纹样，并在下表中填写每位同学的专业特长与学习情况。

组名	成员姓名	专业特长	学习情况

◎ 知识导入

图4-1-1　凤穿牡丹

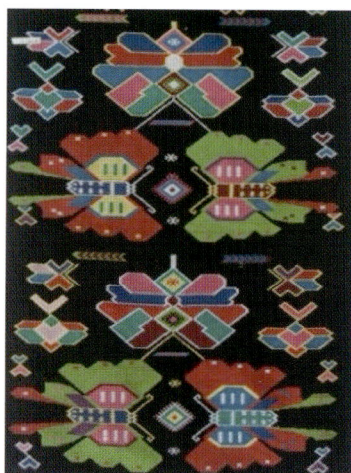

图4-1-2　蝴蝶花

图4-1-3　蝴蝶扑牡丹

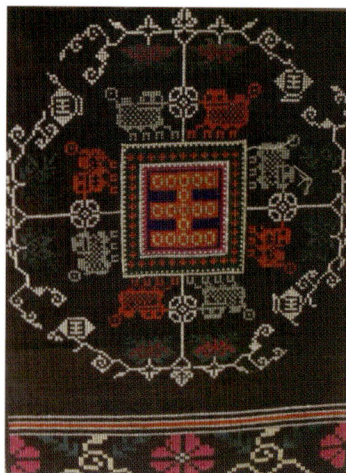

图4-1-4　八狮抬印

图4-1-5　凤凰牡丹

图4-1-6　猫脚迹

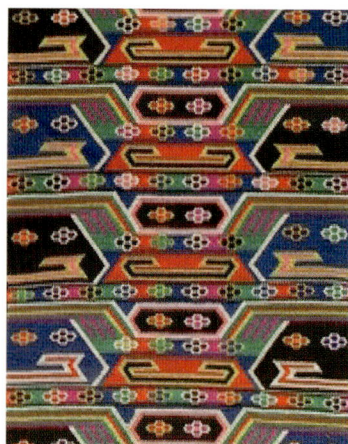

图4-1-7　神龛花

图4-1-8　椅子花

图4-1-9　狗脚迹

图4-1-10　粑粑架　　　　　图4-1-11　四十八勾（一）　　　　图4-1-12　大白梅

问题：图4-1-1~图4-1-12所示的土家织锦传统纹样中，图_____的色彩是借鉴大自然的色谱，图_____的色彩表示"忌白尚黑"的色彩，图_____的色彩采用的是红色调，图_____的色彩采用的是原色对比，图_____的色彩采用的是复色互补，图_____的色彩运用了退晕手法，图_____的色彩表现的是调和处理。

◎ 知识准备

一、土家织锦的色彩构成

土家织锦素以色彩厚重艳丽著称，以设色随心所欲、信手拈来见长。千百年来，土家族先民生活在气象万千的武陵山区，受山区自然景物的影响，土家织锦在配色上常借鉴于艳丽的山花，锦鸡的羽毛，天际的彩霞等大自然的色谱，信手拈来（图4-1-13、图4-1-14）。同时也根据生活实用功能的需要进行，具有灵活多变、随意等特点。

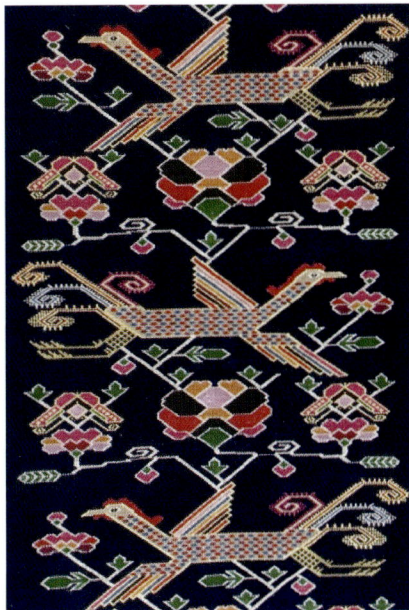

图4-1-13　锦鸡花（叶水云作品）　　　图4-1-14　阳雀花（一）（叶水云作品）

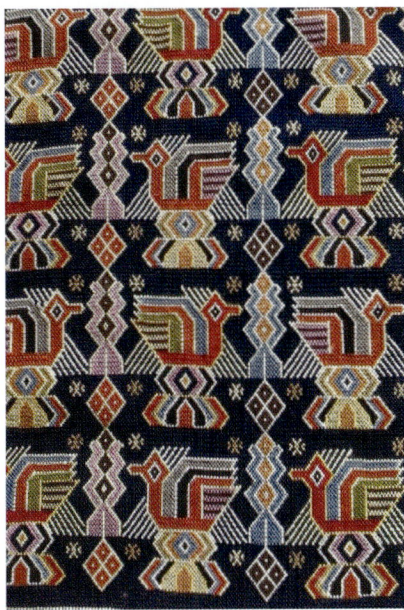

1. 忌白尚黑

在目前所见到的百余种土家织锦的传统图案中，几乎没有一种用白色作底的，也没有成块的白色出现。即使"大白梅""小白梅"的植物类纹样，主体纹样是一组菱形梅花，按理说，白梅花应该以白色为主，但土家织锦中的花头并不采用纯白色，而是以浅蓝、淡黄等浅色代替，或以粗犷深重的靛蓝作花蕊，使花瓣的白色边线退居到次要的位置。白色在酉水流域土家人的习惯中有"不吉祥"的意思，在日常生活中也多"忌白"，白头巾、白衬衫等都是不常穿戴的服饰。"忌白尚黑"的主要源于土家人的原始宗教，"忌白"是"赶白虎"民俗的延伸。

在土家织锦中，黑色与其他颜色的面积比例几乎是10∶1，深重色的衬托使锦面的颜色艳而不俗、清新明洁、绚丽悦目（图4-1-15）。

图4-1-15　土家族服装中的女装和男装

2. 原色的对比与复色的互补以及退晕手法

在传统土家织锦中，红色是土家织锦的主要色调，因土家织锦大部分都是作为姑娘的陪嫁品，追求热烈、兴旺、喜庆、跳跃的热闹效果。红色强烈、温暖、活泼，是象征光明和智慧的颜色。酉水流域最早是楚南属地，楚巫习俗影响至深，而"楚俗尚赤"，土家地区供奉的诸神，也都有敬献红布的习俗，土家人"崇红尚黑"，是象征与生命本体息息相关的永恒主题（图4-1-16、图4-1-17）。

原色的对比是土家织锦中最常见的色彩搭配方式，运用红、黄、蓝三原色，并延伸至红、黄、绿、蓝、黑。将一对对相互独立而又鲜艳的原色放在一起，通过对比，色彩的面积、构图及其他一些特定空间因素构成整体效应。

在传统土家织锦中，很多纹样都运用了明度较高，对比强烈的色块相互映衬，如红与绿、黄与紫、橙与蓝，镶嵌在黑、深红（棕）等厚重的色彩中，而对比色彩的边缘或周围则

图 4-1-16　阳雀花（二）

图 4-1-17　栏杆花

用灰色或白色线与面交错，从而形成线包面、面夹线的穿插效果，使图案不仅极为明快，也更细腻精致。同时其他复色作为适当的填充，极大地丰富了锦面色彩的表现力，并使每个锦面都有一个基调，以一个色调为主，既鲜艳悦目，又统一协调（图 4-1-18、图 4-1-19）。

图 4-1-18　四十八勾（二）

图 4-1-19　棉花花

土家织锦还善于运用色彩秩序化的退晕手法，使对比色显得和谐，色彩的渐变，层层的推移，使锦面具有强烈的节奏变化和对比效果，土家织锦能恰到好处地根据秩序排列，在明度、冷暖、纯度中选取一种进行渐变推移，从而产生统一、有秩序的美感，这就是民间艺人通常讲的"退晕"手法（图4-1-20、图4-1-21）。

图4-1-20　凤凰牡丹图（一）（刘代娥作品）

图4-1-21　梭罗树（叶水云作品）

二、土家织锦的配色原理

色彩的表现是对纹饰形象意念的升华，色彩附于形而又超越于形的表现力。土家织锦的色彩是由平面化的装饰色块构成，其随不同材质和经纬色纱产生不同的色彩效应。这些精美纹饰的色彩，并不是自然色彩的再现，而是土家族妇女将生活美化成的五彩世界，如山野间迎风怒放的鲜花，绚丽强烈的色彩，表现出她们对美好生活的追求。土家织锦纹饰的底色和骨架形状，用色往往非常整体，一般都用暗色处理，以衬托花纹的明丽。织盘内的图案用色自由灵活，艳而不俗。有的纹饰远看会呈现凸凹不平的感觉，有的纹饰则有星光点点的闪烁感，这些都是装饰色彩空间混色的视觉效应。土家织锦的配色还有："黑配白，哪里得；红配绿，显不出；蓝配黄，放光芒；黑配紫，臭狗屎"的民谚。

土家织锦中经纬线纱的染色也存在不同的用色习俗。龙山坡脚、靛房及永顺对山一带的土家织锦喜用黑色、靛蓝色，而捞车、猫儿滩（苗市）一带则喜用红色。

传统土家织锦用色华丽璀璨，五彩斑斓。光绪《龙山县志》中有"绩五色线为主，文彩斑斓可观"的记载。土家织锦的色彩搭配随心所欲，在织造过程中讲究"色由心生"，强调个人对图纹色彩的感悟。十个人织同一个图案，就有十个不同的色彩效果。但总的来说，可归纳以下两点：

1.对比配色

采用补色对比配色、明暗对比配色、冷暖对比配色。

2.调和处理

采用深色为底、浅色显花等配色方法。深底色土家锦能使锦面艳而不俗，清新明洁，绚丽悦目（图4-1-22、图4-1-23）。

图4-1-22　二十四勾（叶水云作品）

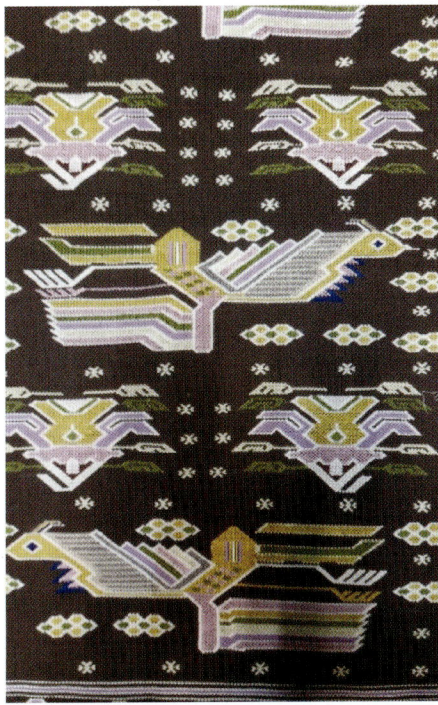

图4-1-23　凤凰牡丹图（二）

◎ **工作任务实施**

工作任务1　土家织锦的色彩构成

学生工作手册

工作情景描述

　　某就业部门或文化部门要举办土家织锦技能大赛或其他职业资格考试，要求考试土家织锦色彩理论基础知识，色彩理论基础知识占30%，实操占70%，色彩理论基础知识考试内容包括土家织锦色彩构成的所有内容。

学习目标

　　1.素质目标

　　（1）培养学生的职业道德和敬业精神。

　　（2）培养学生的社会责任心，认真、严谨的工作态度和虚心的学习态度。

　　（3）培养学生善沟通、能协作、高标准、重创新的专业素质。

　　2.知识目标

　　（1）培养学生自主学习的能力。

　　（2）掌握土家织锦的色彩构成知识、配色原理及各种配色实用知识，为今后的创新设计打下坚实的基础。

　　3.能力目标

　　（1）培养学生吃苦耐劳的工匠精神，具备全面系统学习土家织锦色彩构成和配色原理等理论知识和实践中搭配色彩的能力。

　　（2）培养学生的表达能力。

建议课时

　　1课时

工作流程与活动

　　工作活动1：任务确立（课前自习）。

　　工作活动2：方案制定（10分钟），课程中的重点知识点用笔做记号，加深知识点的理解和记忆。

　　工作活动3：进一步加深理解理论知识（20分钟），扫二维码观看微课内容。

　　工作活动4：任务评价与总结（15分钟）。

工作活动1　任务确立

一、活动思考

　　思考1：土家织锦传统图案中用到了哪些色彩知识？

思考2：土家族传统文化对土家织锦的色彩搭配有哪些影响？

二、思想提升

"读书百遍，其义自见。"如何理解这句话中熟练度及其对知识掌握的帮助？

三、工作任务确立

1.土家织锦色彩构成中，以色彩_____而著称，以设色_____、_____而见长。

2.在土家织锦中，黑色在锦面中的面积比例比较大，深重色的衬托作用使锦面颜色_____、_____、绚丽悦目。

3.在传统土家织锦中，_____是土家织锦的主要色调。

4._____是土家织锦中最常见的色彩搭配方式。

5.传统土家织锦中，很多纹样都运用了_____，_____的色块相互映衬，极大地丰富了锦面的色彩表现力。

6.土家织锦的对比配色用到了_____、_____、_____。

7.在土家织锦的色彩调和处理中，一般用_____、_____等配色方法，深底色能使土家织锦锦面艳而不俗，清新明洁，绚丽悦目。

8.土家族先民生活在气象万千的武陵山区，受山区自然景物的影响，土家织锦在配色上常借鉴于_____，_____，_____等大自然的色彩。

9.在目前所见到的百余种土家织锦的传统图案中，几乎没有一种用_____作底的纹样，也没有_____出现。

10.红色强烈、温暖、活泼，是象征_____的颜色。

11.在土家织锦对比色的边缘或周围则用灰色或白色线与面交错，从而形成_____、_____的穿插效果，使图案不仅极为明快，也更加细腻精致。

12.土家织锦还善于运用色彩_____的退晕手法，使_____显得和谐，色彩渐变，层层推移，能恰到好处地根据秩序排列，从而产生统一、有秩序的美感，这就是民间艺人们通常讲的_____手法。

13.土家织锦色彩是由_____构成，随不同材质和经纬色纱产生不同的_____效应。

14.土家织锦纹饰的底色和骨架形状，用色往往非常整体，一般都用_____，以衬托花纹的明丽。

15.土家织锦的配色中有："_____、哪里得；_____，显不出；_____放光芒；_____、臭狗屎"的民谚。

16.土家织锦的色彩搭配_____，在织造过程中讲究"_____"，强调个人对图纹色彩的感悟。

工作活动 2　方案制定

一、活动思考

　　思考1：土家织锦的色彩构成包括哪些常用的色彩知识？

　　思考2：历史上土家族地理位置和自然气候对于土家织锦的配色原理有哪些影响？

二、思想提升

　　《孟子·告子上》："心之官则思，思则得之，不思则不得也。"根据这句话，请理解观察生活、进而思考其对土家织锦色彩创作的启发。

三、活动实施

活动步骤	活动要求	活动安排	活动记录
步骤一 学习方法与练习	要想将色彩专业知识学得扎实，需要通过学习文本资料、网上查阅资料、参考各种织锦实物并练习，加深对专业知识的理解，为后面的创作和实操打下坚实的基础	自主学习土家织锦的色彩构成等学习内容	看书，做笔记、划重难点、欣赏土家织锦实物
步骤二 加深专业知识的理解	通过看微课，学习土家织锦色彩构成中的原色对比与复色互补及退晕手法以及配色原理，通过观察土家织锦实物，结合理论知识，加深对色彩专业知识的进一步理解	从微课中进一步了解土家织锦的色彩构成和配色原理	通过土家织锦实物、图片、视频和老师授课，进一步加深对色彩知识的理解
步骤三 培养提出问题并进行总结的能力	通过学习，将色彩构成及配色原理知识融会贯通，能快速回答相关问题，提高归纳和总结土家织锦色彩构成和配色原理知识的能力	从微课、文本资料、其他学习资料中找出相关重难点知识	能组织语言，归纳各个知识点，并记录在学习笔记上

工作活动 3　学微课

原色对比与复色互补

忌白尚黑　　　　　　　及退晕手法

对比色配色　　　　　配色实践

工作活动4　任务评价与总结

一、评价

一级指标	序号	二级指标	序号	评价内容	权重	自评	互评	教师评
工作能力（30分）	1	思维能力	1	能够从不同的角度提出问题，并考虑解决问题的方法	1			
	2	自学能力	1	能够通过已有的知识和经验独立获取新的知识信息	1			
			2	能够通过自己的感知分析色彩，并能正确地理解色彩构成及配色	1			
	3	实践创作能力	1	能够根据所学内容获取新的知识，完成创作任务	5			
			2	能够规范、严谨地撰写所学知识的重难点	5			
	4	创新能力	1	在小组讨论中能够与他人交流自己的想法，敢于标新立异	5			
			2	能够跳出固有的课内课外知识，提出自己的见解，培养自己的创新性	5			
	5	表达能力	1	能够正确地组织和表达自己对色彩的见解	5			
	6	合作能力	1	能够为小组提供信息，质疑、归类、阐明观点	2			
学习策略（20分）	1	学习方法	1	根据本次工作任务对学习内容进行归纳，划重难点	10			
	2	自我调控	1	能根据本次任务正确运用各种色彩知识	4			
			2	能够正确运用各种学习方法	2			
			3	能够有效利用各种学习资源	4			

一级指标	序号	二级指标	序号	评价内容	权重	自评	互评	教师评
学习得分（50分）	1	职业岗位能力	1	掌握土家织锦色彩构成及配色原理知识	10			
			2	看土家织锦实物作品后，能准确地表达每一幅作品的色彩关系	10			
			3	依照土家织锦行业标准，能正确撰写色彩的相关知识	30			
总评								

二、总结

反思	
改进	

○ 项目2

土家织锦的传统纹样

◎ 工作任务导入

项目2　工作任务书	
学习内容	千百年来，土家织锦一直是湘西酉水河流域土家族地区普及面广、影响深、工艺完整、作品丰富的民族民间工艺文化形式。湘西土家织锦的传统图案是由勾纹类、动物类、生产生活类、植物类、天象地属类、吉祥意象类等六大类组成，体现了湘西土家族的传统文化和文化渊源，充分反映了土家人的审美情操和民族意识。它以独特的方式显露出土家人的物质文化属性，成为世人了解土家族的品牌形象，是研究土家文化的重要窗口，蕴含着本民族的文化心理，承载着不同时代的文化积淀，充分展示了中华民族多元文化的创造力
土家织锦图案特色	1.意向的再现与"名存形异" 2.直线的强化与几何造型 3.连续对称与重复变异
土家织锦的图案组成形式	土家织锦传统图案的构成形式有其独特性、区域性、民族性，图案大部分由"台、盘、蓬、朵、坝"构成
土家织锦传统图案	勾纹类纹样、动物类纹样、生产生活类纹样、植物类纹样、天象地属类纹样、吉祥意象类纹样
企业行业要求	本项目要求学员在企业、行业培训中，要求掌握土家织锦传统图案特色、图案的组成形式、勾纹图案、动物图案、生产生活类图案、知识点
任务要求	本项目有8个任务要求，具体如下： 任务要求1：学习土家织锦的图案特色，15分钟 任务要求2：学习土家织锦的图案组成形式，15分钟 任务要求3：学习土家织锦勾纹类纹样，10分钟 任务要求4：学习土家织锦动物类纹样，10分钟 任务要求5：学习土家织锦生产生活类纹样，10分钟 任务要求6：学习土家织锦植物类纹样，10分钟 任务要求7：学习土家织锦天象地属类纹样，10分钟 任务要求8：学习土家织锦吉祥意象类纹样，10分钟 任务形式：阅读学习文本资料，网上查阅资料，掌握其中的重难点知识，扫二维码学习微课知识加深记忆等 建议课时：2课时

项目2　工作任务书	
工作标准	1.工艺染织制作工（土家织锦）职业（工种）中级 （1）掌握土家织锦图纹的产生与土家人的生活息息相关，相互依承，相互交融 （2）掌握传统的土家织锦图纹"朴实大方，粗犷洗练，色彩斑斓而饱满厚重"的特点，由于受织锦工艺制作手段的限制及本民族纯朴审美趣味的影响，其造型的艺术风格上不克求具体、复杂的图像，而善于以意象的再现来表现对象 （3）掌握传统土家织锦图案以平纹"对斜"和斜纹"上下斜"为基本织物组织 （4）掌握土家织锦中的图纹重复是一种"观念符号"的认知和再实践，是一种主动灵活的重复。在这种重复中土家织锦的织造者必然要注入自己的感情因素，即使是处理同一个相同的图案，不同的织造者也会织出不同的锦面效果 （5）掌握土家织锦传统图案的构成形式有其独特性、区域性、民族性。它的图案大部分由"台、盘、蓬、朵、坝"构成，反复循环并根据织锦织造时实际长短的需要，而决定循环的多少 （6）掌握勾纹是土家织锦中出现频率最多的一种传统装饰纹样，可大可小，灵活多变 （7）掌握原始渔猎时代的土家织锦动物类的主要对象是鸟兽鱼虫之类的动物，这类图纹因产生的年代较早，都完好地保留了土家语的名称及原始具体的意象 （8）掌握斜纹彩色土家织锦的数百种花色图纹中，涵盖了从地下到天上的几个大类，涉及土家人生产生活、生态环境，甚至思想意识的各个领域。这些题材图纹最具地域特色 （9）掌握土家织锦以他丰富的图纹形式讲述着古老文明的历史进程，展示着土家人的信念和崇拜，以及族源的隐喻，因而土家织锦被称为"织"在锦上的土家族历史，转载着重要的远古信息 对接方式： 对接土家织锦图案特色、图案组成形式、土家织锦等几大类型 2.工艺染织制作工（土家织锦）职业（工种）初级 （1）掌握土家织锦图案特色——名称形异、直线的强化与几何造型、连续对称与重复变异等知识 （2）掌握土家织锦图案的构成形式，大部分由"台、盘、蓬、朵、坝"构成，反复循环并根据织锦织造时实际长短的需要，而决定循环的多少 （3）掌握土家织锦图案的分类 对接方式： 土家织锦传统纹样中的所有知识点

◎ 小组协作与分工

课前：请同学们按照男女同学各占一半分组，协作完成土家织锦传统图案特色、图案的组成形式以及图案的分类等任务，并在下面表格中写出每位同学的专业特长与学习情况。

组名	成员姓名	专业特长	学习情况

◎ 知识导入

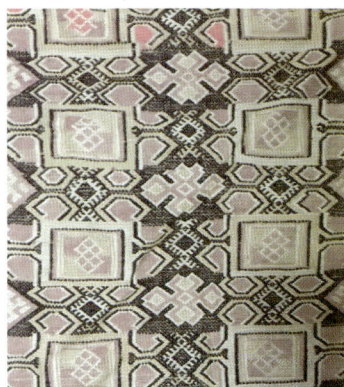

图 4-2-1　椅子花

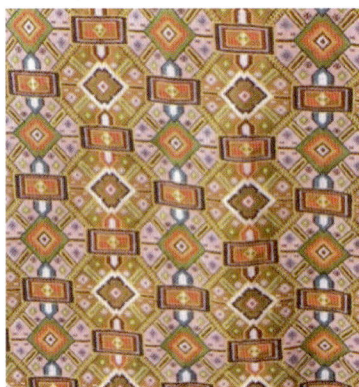

图 4-2-2　桌子花

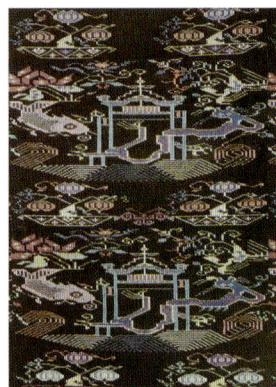

图 4-2-3　鲤鱼跃龙门

图 4-2-4　大刺花

图 4-2-5　龙凤呈祥

图 4-2-6　凤凰牡丹

图 4-2-7　神龛花

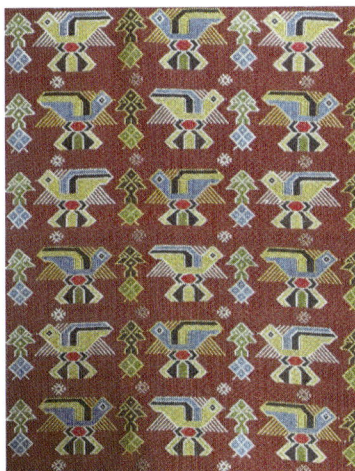

图 4-2-8　秧鸡花

图 4-2-9　箱子八勾

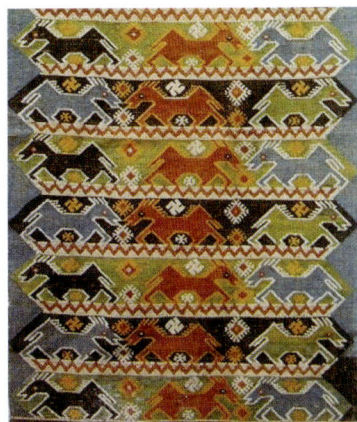

图 4-2-10　马毕

图 4-2-11　老鼠嫁女

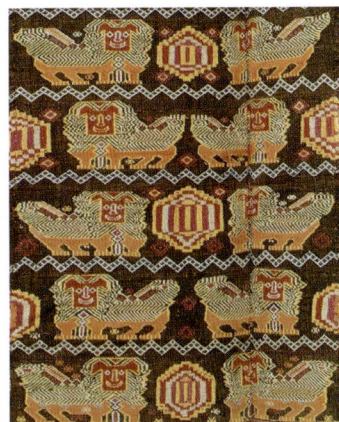

图 4-2-12　狮子滚绣球

图 4-2-13　野鹿含花 (叶玉翠大师作品)

图 4-2-14　磨架子花

图 4-2-15　龙船花 (图片来源：
　　　　　　《湖湘织锦》)

图4-2-16 八角香（图片来源：
《湖湘织锦》）

图4-2-17 莲花

图4-2-18 八瓣花

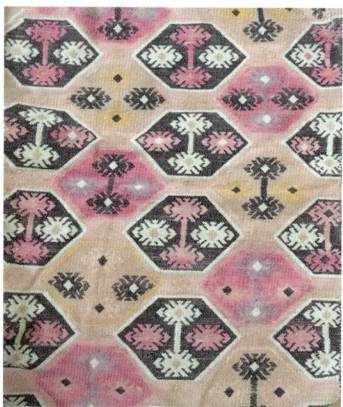

图4-2-19 梭罗树

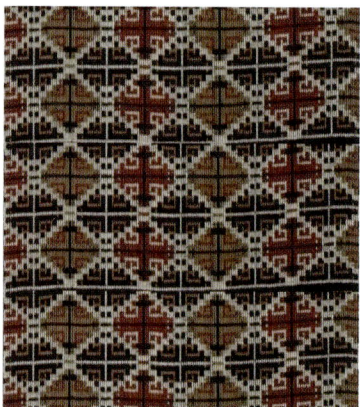

图4-2-20 月亮花

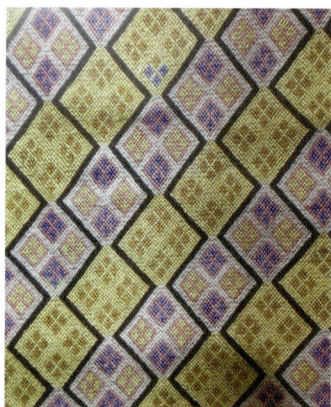

图4-2-21 田字花

问题： 以上图4-2-1～图4-2-21所示的土家织锦传统纹样中，图_____表现的是"名存形意"，图_____表现的是"直线的强化和几何造型"，图_____表现的是"连续变化与重复变异"，图_____表现的是纹样"台"，图_____表现的是纹样"盘"，图_____表现的是"勾纹"类图案，图_____表现的是"动物"类图案，图_____表现的是"生产生活"类图案，图_____表现的是"植物"类图案，图_____表现的是"天象地属"类图案，图_____表现的是"吉祥意象"类图案。

◎ 知识准备

一、土家织锦图案特色

土家织锦艺术特色显著，其艳丽厚重的色彩，变幻无穷的图纹，抽象的装饰美在视觉上给人以强烈的感观效果。结构的对称平衡，主体色调的运用，使锦面艳而不俗，清新明快且绚丽悦目。鲜明的色彩选择，具有丰富的象征性。《民间织花》一书中所述：土家织锦与"苗、傣、壮、瑶族织锦"相比，"纹样更显抽象原始"，由于"受巴楚文化的影响，在各方面更趋成熟"，特别是艺术性，"纹饰既抽象又有形；色彩上注重原色与复色的互补；对称结构贯穿整个画面。"

1.意向的再现与"名存形异"

土家织锦图纹的产生与土家人的生活息息相关，相互依存，相互交融。图纹所表现的是土家先民对大自然的再认识，它传承着丰富的民族文化信息。传统的土家织锦图纹"朴实大方，粗犷洗练，色彩斑斓而饱满厚重，由于受织锦工艺的限制及本民族纯朴审美趣味的影响，其造型在艺术风格上不求具体、复杂的图像，而善于以意象的再现来表现对象。但这种意象的再现又不是完全脱离实际，凭空捏造的'抽象'，而是既没有完全脱离客体的主要形式特征，又升华、变异为抽象的几何图案，所以仍属于再现性的图案表现形式"。如图4-2-22、图4-2-23所示。

图4-2-22　传统纹样桌子花（叶水云藏品）　　图4-2-23　传统纹样椅子花（叶水云藏品）

2.直线的强化与几何造型

土家织锦因其织物经线密度大于纬线密度，表面细致精密的图形受到了限制，就只能出现大量的几何图形，以弥补造型的不足。并兼顾织造工艺特点和纹样构成的有机结合。

平纹在经纬线密度相同时，纬花必须配合平纹结构，花纹的边缘线只能在纬线浮起时起花，否则，花纹就会变形。因此，其组织点的走向只有垂直。所以，直线和斜线在这里就成了唯一的艺术语言。

传统土家织锦以平纹"对斜"和斜纹"上下斜"为基本织物组织。平纹"对斜"的经纬组织点都一样多，而斜纹"上下斜"则是依靠浮起的组织点构成斜向的纹路。土家织锦用这两种织物组织交替、结合，加上经纬线的粗细、质量的变化而丰富多彩。织物组织是构成图案的物质形式，同时织物组织也左右着图案的形式。如图4-2-24、图4-2-25所示。

3.连续对称与重复变异

重复是人类成长中自然模仿的一个必然过程，表现在土家织锦中的图纹重复则是一种"观念符号"的认知和再实践，是一种主动灵活的重复。在这种重复中，土家织锦的织造者必然要注入自己的感情因素，即使是处理相同的图案，不同的织造者也会织出不同的锦面效果。阳雀花是土家织锦中最经典的图纹之一，特定的图案和特定的使用规范将其锁定在特定的文化空间（图4-2-26）。

图4-2-24 传统纹样四十八勾（一）

图4-2-25 传统纹样箱子八勾

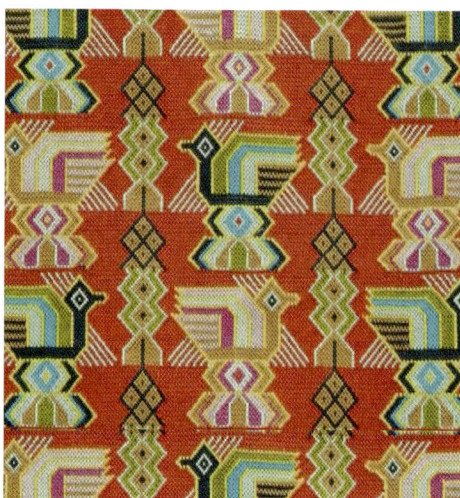

图4-2-26 阳雀花装饰壁挂

二、土家织锦图案组成形式

土家织锦传统图案的构成形式有其独特性、区域性、民族性，其图案大部分由"台、盘、蓬、朵、坝"构成，反复循环并根据织锦织造时的实际长短需要，来决定循环的多少。

1.台

"台"是土家织锦纹样中的主体纹样，它的排列方式是按上下排列，如传统纹样中的"马毕花"最为突出，千万只"马"在奔跑，而每一台"马"都用水波浪隔开。土家织锦传统纹样中的"台"有：阳雀花、凤鸟纹、栏杆花、台台花、蟋蟀花、龙凤人马纹、小龙花、龙船花、牡丹花、豆腐架子、双凤牡丹、金瓜花、鹭鸶踩莲、狮子滚绣球、野鹿含花、老鼠嫁女、土家迎亲图、八狮抬印、凤穿牡丹、蝴蝶扑牡丹、双龙抢宝（图4-2-27）等纹样。

这些纹样主体纹样突出、大气，上下纹样是重复的二方连续纹样，上下纹样之间有的用其他小纹样隔开，一般几何图形的纹样是用深色来隔开。

在配色原理上，一般采用深色为底，浅色显花。有的为了色彩统一，整幅纹样的颜色不变，有的选好底色后，在图案中进行和谐统一与变化。

2. 盘

"盘"是土家织锦中的几何图案，是指一幅织锦纹样中，几何纹样占整个纹样的主体纹样，纹样一般放在整幅图案的中间，纹样两边根据几何纹样添加一些装饰，使"盘"显得更大气，有很强的视觉效果。表现"盘"的纹样有：四十八勾、二十四勾、双八勾、箱子八勾、大岩墙花（图4-2-28）、梭罗树、梭罗丫、九朵梅、船花、棋盘花（图4-2-29）、小秤钩花、大秤钩花、鸡盒子花、粑粑架等。

图4-2-27 传统纹样双龙抢宝（叶水云作品）

图4-2-28 传统纹样大岩墙花

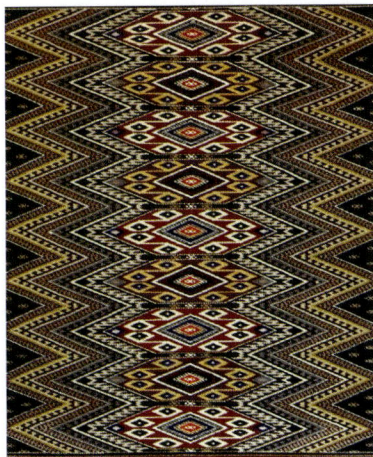

图4-2-29 传统纹样棋盘花（叶水云作品）

3. 蓬

"蓬"是土家织锦织造中经纬交织时的"一格""一颗"或"一蓬"的叫法，相当于锦面的一个纬浮点。织造时，开始定花就要数某个纹样的开始是多少"蓬"、多少"格"或多少"颗"，才能准确定好纹样的开头一行。图4-2-30为正在挑织"蓬"。

4. 朵

"朵"是土家织锦纹样中的一朵小花，不是主要纹样，它是主体纹样与纹样中间的小装饰，如果没有这些小装饰，纹样就会显得呆板。如用传统纹样中的"韭菜

图4-2-30 傅家轩正在挑织"蓬"

花""扎土盖"等来填充锦面的空白。如图4-2-31、图4-2-32所示。

图4-2-31　棉花花

图4-2-32　蝴蝶扑牡丹

图4-2-33　传统纹样鲤鱼跳龙门（叶水云作品）

5.坝

"坝"是土家织锦织造过程中，有的纹样空白多一点，或者要挑织的格子或纬浮线较宽，如龙凤人马纹或鲤鱼跳龙门（图4-2-33）等底色或花纹出现大面积的一种色，用挑花尺挑的格子面积，就称为一坝。图4-2-34中挑织空白多为"坝"。

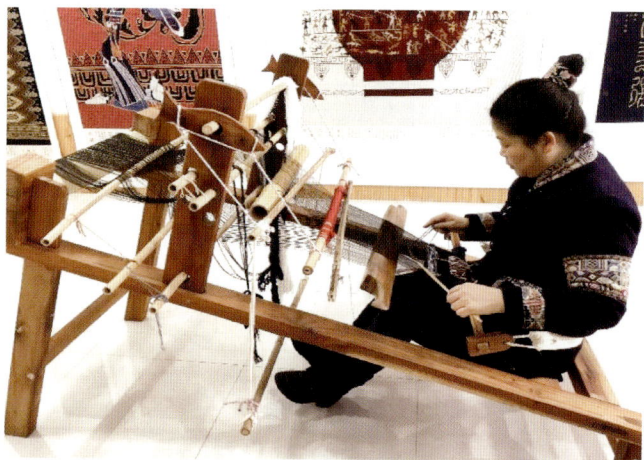

图4-2-34　正在挑织"坝"

三、土家织锦的勾纹类纹样

勾纹是土家织锦中出现频率最多的一种传统装饰纹样，这种以勾纹为主体的装饰纹样在斜纹彩色西兰卡普传统图案中占七分之一左右，并逐渐发展成为有序成熟的完整体系。按勾形的数量来分，有八勾（图4-2-35）、十二勾（图4-2-36）、二十四勾、四十八勾（图4-2-37）及单勾和双勾等；以勾纹的中心图案来分，有箱子八勾（妥毕八勾、图4-2-38）、花瓶八勾、盘盘八勾等。这类以主体形式存在的勾状纹样，多为棋格状的适合纹样，并以散点排列的四方连续或二方带状连续展开，可大可小，灵活多变。勾状方向的变化，具有强烈的力量对比，统一的角度转折，形成了规范的程序，产生了鲜明的形式美感。特别是其中最有代表性的四十八勾，被称为土家织锦中最经典的图案。然而，四十八勾系列的图纹虽种类繁多，变化莫测，但万变不离其宗，核心部位都是由一个菱形或近似菱形的基本形为主体，在主体的四角或周边延伸出八条勾纹组成，是一个最基本的八勾单元纹样。

　　"经典的民族图案是在深厚的文化背景基础上，经过长年累月积淀传承下来的。它丰富的文化内涵、构成形式、色彩的强烈常常给人以震撼。"四十八勾图纹所反映出来的特质，正是在大湘西走廊的特殊环境中产生和发展起来的。

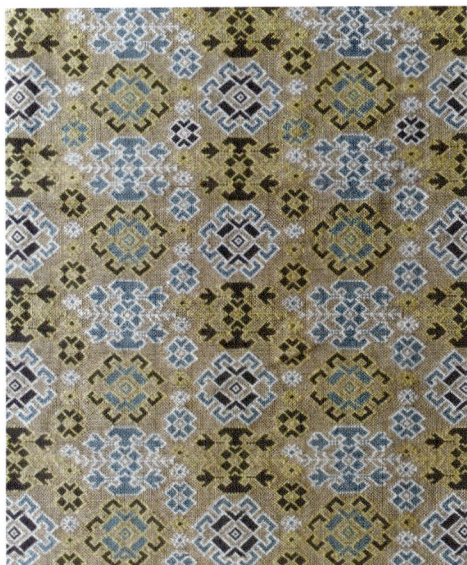

图4-2-35　传统纹样八勾（叶水云作品）

图4-2-36　传统纹样十二勾

图4-2-37　传统纹样四十八勾（二）

图4-2-38　传统纹样箱子八勾（叶水云作品）

四、土家织锦动物类纹样

秦汉之前，湘西北西水流域的土家族还处于"喜渔猎，不事商贾"的原始渔猎时代。进入"五溪"的板楯蛮善织"賨布"，而生活在湘西北的土著先民濮僚，继永顺县不二门商周时的石穴古人"织"出葛麻"布"后，从龙山县苗儿滩及古丈县白鹤湾的考古发掘证实，战国时期左右，有可能织出彩色的葛麻织物。所以，在土家织锦中有原始渔猎时代的痕迹，以"窝毕"和"实毕"纹样最具代表性。原始渔猎时代的主要"生产"对象是鸟兽鱼虫之类的动物，这类图纹因产生的年代较早，都完好地保留了土家语的名称及原始具体的意象"形象"。"窝毕"的土家语意为小蛇，"窝此巴"为大蛇，这两种以蛇为主题的图纹在土家织锦中比较常见。"实毕"是土家语，意为"小野兽"或"小野物"，是原始渔猎时狩猎的主要对象。

在西兰卡普纹样中，鸟兽类纹样是一大类别，其中有：鸡盒子花、阳雀花、马毕（图4-2-39）、石毕、小蛇花、大蛇花、大龙花、小龙花、虎脚迹、猫脚迹、狗脚迹、大狗牙齿、小狗牙齿、大龙牙齿、小龙牙齿、燕子尾、燕子花、蟋蟀花（图4-2-40）、螃蟹花、背笼花、蜘蛛花、虎皮花、秧鸡花、龙凤花、凤凰花、蝴蝶花、蝴蝶牡丹、鱼龙花、珍兽图等。

图4-2-39　传统纹样马毕（叶水云作品）

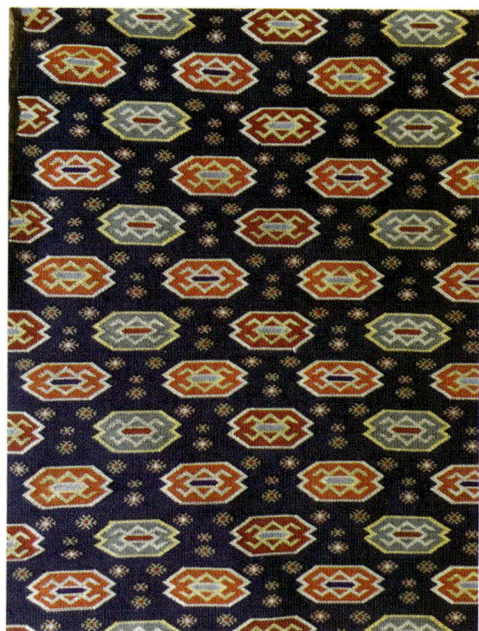

图4-2-40　传统纹样蟋蟀花（叶水云作品）

五、土家族织锦生产生活类纹样

土家织锦是土家文化的重要载体，土家文化赋予其独特的艺术风格和形式，也折射出土家人的思维模式和审美情趣。斜纹彩色土家织锦的数百种花色图纹中，涵盖了从天上到地下的各个大类，涉及土家人的生活、生产、生态环境，甚至思想意识的各个领域（图4-2-41、图4-2-42）。其中以表现生活、生产器物用品的题材图纹最具地域特色，其品类数量之多实属罕见，在中华织锦大家族中独树一帜。日常生活中的桌椅板凳也被信手拈来，自然造化，升华为一件件不可多得的艺术珍品，椅子花就是一个典型的范例。椅子是人们生活中常见的用品，极普通的器物，以椅子为原型创作的"椅子花"却是西兰卡普中最经典的图纹之一，在工艺技巧上，"椅子花"不仅造型复杂，而且织造难度较大。由于图纹造型的特殊需要，必须用十八种以上的色线在斜纹和斜纹抠斜织物结构上多次纵横转化，堪称土家织锦中的一绝，故酉水流域的土家族流传有"四十八勾名堂大，最难岩墙椅子花"之说。

图4-2-41　传统纹样锯齿花

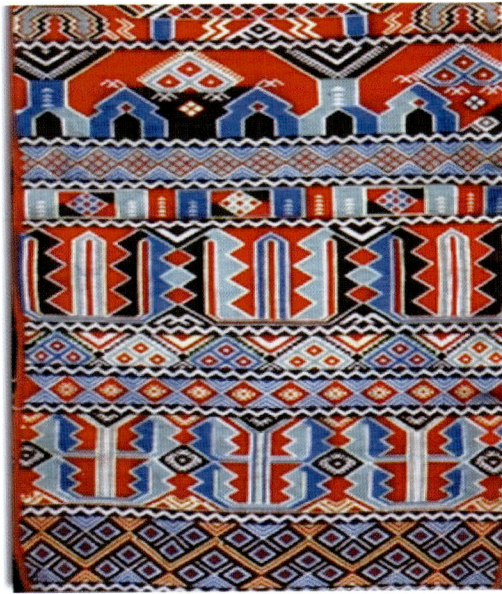

图4-2-42　传统纹样栏杆花

一个民族的文化特点，应当是其文化中最显著的要素集合，是本民族的重要标志。土家族属于一个山地农耕经济型的民族，山地农耕经济以家族和家庭为基本单位，重视血缘亲情，其典型的文化心理是崇尚朴实，自古就有武陵土家"民风淳厚，不尚奢华"之记载。土家人的物态文化特点之一则是生活、生产器物的竹木化和以西兰卡普为代表的纺织制品，表现在精神文化上的走向是多元性和开放型相结合。所以，土家人采用最熟悉的西兰卡普记录自己喜怒哀乐的朴实情感。

土家织锦以生产生活类为题材的纹样有：椅子花、桌子花、磨盘花（图4-2-43）、粑粑架、大秤钩花、小秤钩花、土王五颗印、八狮抬印、船花、豆腐架子、桶桶盖花、龙船花（图4-2-44）、大玉章盖、小玉章盖、锯齿花、吊灯花、铜钱花、背笼花、棋盘花等。

六、土家织锦植物类纹样

土家族是一个热爱美、热爱大自然的民族。他们生活在武陵山区的崇山峻岭之中，大自然环境优美，花草植物丰富，给土家织锦的创作提供了丰富的资源。

土家织锦以植物为题材的纹样很多，其中大刺花就是春天满山遍野开放的一种花的名称，土家人用抽象化、艺术化的处理手法，把它设计成几何图案，表达出土家族先民对生活的热爱。

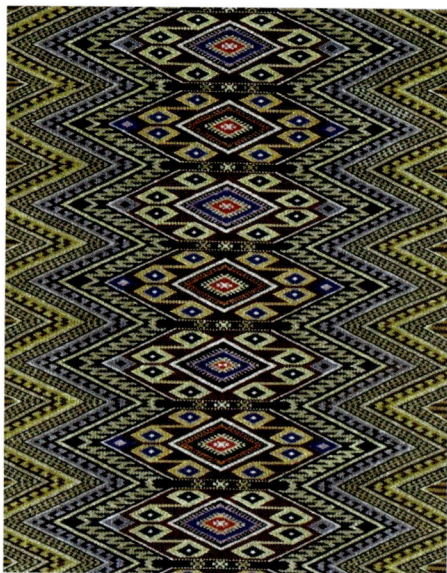

图4-2-43 传统纹样磨盘花（叶水云作品）

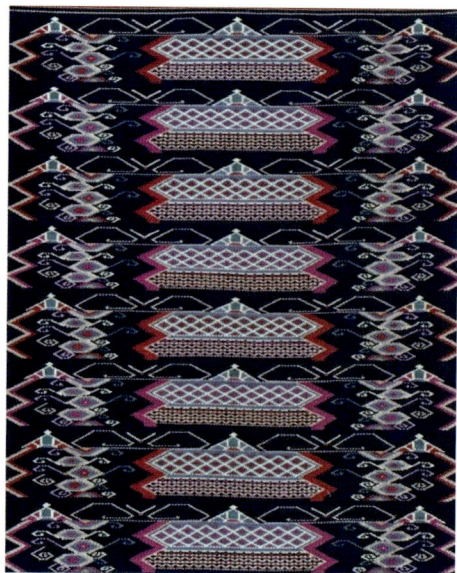

图4-2-44 传统纹样龙船花（叶水云作品）

"大莲蓬"也是荷花的果实莲藕，土家人对大自然中每一种植物都观察得非常仔细，把荷花、莲藕巧妙构思，主体图案突出荷花的藕节和藕节外盛开的荷花，表现出土家人希望的开花结果、丰收的景象，也表达出土家人对美好生活的向往。

土家族先民以前用苎麻和桑蚕丝来纺纱织布，后来发现用棉花纺纱织出的布很暖和。于是家家户户种植了大量棉花，用来织布、织锦。土家山寨流传有这样一句顺口溜："吃不过盐，穿不过棉"。土家族先民在创作中抓住棉花开得"大且多"的特点，进行大胆的创作，就有了现在的纹样"棉花花"，表现出棉花开得金灿灿、红艳艳的场景。

岩墙花生长在石头缝隙里，是田间地头墙角里长的小花小草，只要有一点阳光雨露，它就会生长得很茂盛，土家人观察事物和创作能力很强，能把一些细微的物体通过夸张变形，设计出大气的几何图案（图4-2-45、图4-2-46）。

图4-2-45 传统纹样岩墙花（叶水云作品）

图4-2-46 传统纹样大刺花（刘代英作品）

植物类纹样有：大刺花、大莲蓬、小莲蓬、藤藤花、梭罗树、梭罗丫、四朵梅、九朵梅、大烂苦梅（焦山梅）、八角香、韭菜花、莲花、岩墙花、麻阳花、牡丹花、丝瓜花、金勾莲、六乔花、玫瑰花、南瓜把花。

七、土家织锦天象地属类纹样

土家织锦以丰富的图纹形式记录了古老文明的历史进程，并且以独特的静态形式、民俗活动和精神心态展示了土家人的信念和崇拜以及族源的隐喻，因而土家织锦被称为"织"，在锦上的土家族历史，承载着重要的远古信息。

土家织锦纹样涉及天上地下的各个方面，体现了土家族的文化传统和文化溯源，充分反映了土家族先民的审美和民族意识，敬重先祖英雄，崇拜天地自然，尊奉天人合一，尊崇与大自然和谐相处。

天象地属类纹样有：太阳花、半边月、整月花、满天星（图4-2-47）、雾云花、云勾花、水波浪、田字花（图4-2-48）等。

图4-2-47 传统纹样满天星（叶水云作品）

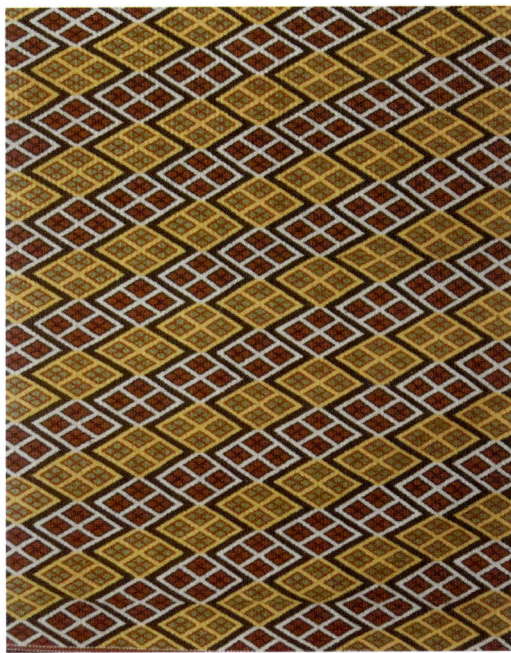

图4-2-48 传统纹样田字花（叶水云作品）

1. 太阳花

"太阳花"纹样由无数个四方连续的菱形纹样组成，太阳被抽象为菱形纹样，中心点的太阳向四周放射出光芒，这种图纹形式是远古时期土家族妇女心目中的太阳，表现出土家先祖对太阳的崇拜，对太阳的赞颂。

湘西土家先民崇拜太阳，以农历六月六为太阳日。这一天，土司召集"舍巴"（头人），在屋前的东方摆上神案，上供祭品，焚香烧纸，祭拜太阳。同时，家家于这一天敬祭太阳，翻晒衣被，以求年岁丰稳，称为"六月六晒龙袍"。

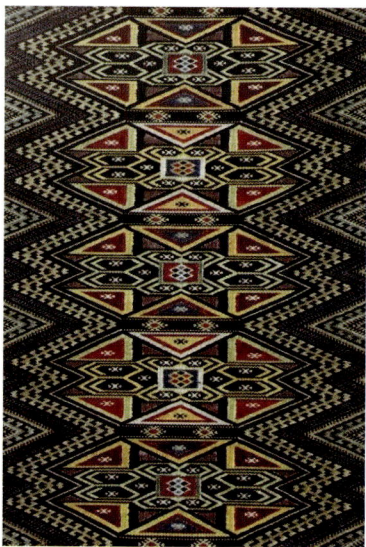

图4-2-49 传统纹样大岩墙花（叶水云作品）

2.大岩墙花

"大岩墙花"是土家族先民居住的房前屋后的石坎、田坎、屋基的石缝中长出来的各种小花小草，土家族妇女将她们心目中的石缝肌理及花草抽象美化为大岩墙花纹样（图4-2-49）。

大岩墙花纹样构图饱满，两组边框分别由"狗牙齿""龙牙齿"构成，再以流水纹补填在框的空白处，象征着自然界的生命生生不息，似江河水日夜奔流，循环往复。中间的主体纹样像石基和石缝，有规律地排列，沉稳如山，色彩和谐，表达了土家先民敬畏天地、对大自然的热爱和向往，也展示出土家族妇女独特的审美情趣和高超的手工技艺。

八、土家织锦吉祥意象类纹样

清雍正年间，朝廷推行"改土归流"政策，武陵山区取消了"蛮不出境，汉不入峒"的禁言，土家族地区的经济、文化有了很大程度的发展，满汉文化的大量传入，一些常见的吉祥用语和吉祥文字出现在土家织锦上。如"福禄寿喜"纹样，采用四方连续纹样的布局，把相同的文字排成直行，别有一番情趣。

吉祥意象类纹样有：卍字纹、凤穿牡丹、祥云腾龙、双凤朝阳、四凤抬印、鲤鱼跳龙门、二龙抢宝、迎亲图、状元花、龙凤人马纹、八凤祝寿、鸳鸯戏荷、双龙戏珠、龙凤呈祥、喜鹊闹梅、麒麟送子等。

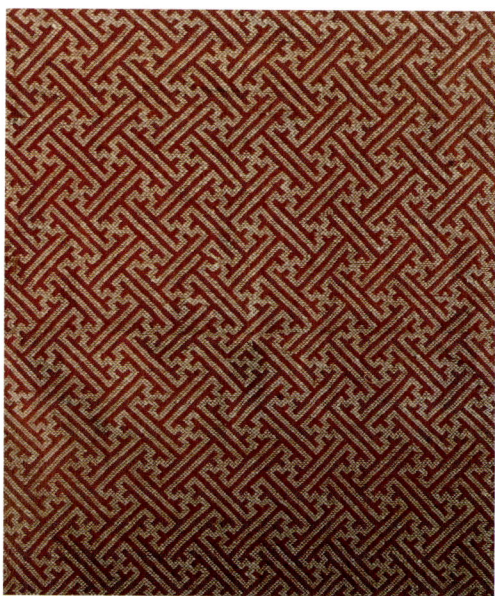

图4-2-50 传统纹样万字流水纹（叶水云作品）

1.卍字纹（扎土盖）

"卍字纹"又叫"万字流水"纹（图4-2-50），土家语叫"扎土盖"，最初是太阳和火的象征，是土家织锦中常见的纹样。"卍字纹"早在新石器时代就已运用在甘肃、青海一带的彩陶中。

"卍"汉语意为"吉祥如意"，唐玄奘译为"德"，北魏时佛教意为"吉祥万德之所集"，唐武则天时采用汉字，定音读为"万"。

酉水流域古属"五溪"，为楚文化的滥觞之地，而楚人称祝融为始祖，是集日神和火神之职于一身的大神。楚人确信自己是太阳与火的传人，有祭拜太阳与火神的习俗。土家族先民对太阳和火的生存依赖非常之高，是太阳和火给这些先民们带来了光明和温暖，熟食的应用更是大大促进了人类文明的进化。

土家族人对火的崇拜是对太阳崇拜的延伸。火是人间的太阳，将火神视为祖先。在土家族家庭中，户户都设有"火床"（火塘），火床是全家人日常生活起居的中心场所。火塘是正方形的，约一平方米，火塘正中安放着铸铁三脚架，这个三脚架就是火神和祖先的象征。土家先民逢族群迁徙，必将三脚架先行，说是"万年烟火"。

在土家织锦中，"卐字纹"是一个带有原始宗教信仰和道、佛教双重意义的图纹，象征光明、正中、吉祥、生生不息。

"卐字纹"可单独成型，作为主体纹样使用，也可将其分解成各种勾纹，作为陪衬和填充纹样，成为土家织锦中突出的装饰特征。在"梭罗树纹"及"岩墙花"这类纵向之字形排列的图案构成中，在主体图案的两边以"卐字纹"构成之字形框架，外围饰以"卐字纹"变异的勾纹，匀称美观且大气自然。土家织锦中的"卐字纹"按四方连续展开，适度变异，重新排列组合，字字相连，线条长短变化、疏密相间，纵横相错，节奏感极强。设色素雅庄重，平和秀美。

2. 龙凤人马纹

图4-2-51所示的"龙凤人马纹"织锦，龙的造型威严庄重，龙头龙口极度夸张，与汉族龙的造型大相径庭，似空中飞龙，色彩艳丽而稳重。凤凰的造型则大胆奇特，头部冠毛直矗，尾羽夸张，五彩缤纷，作飞翔状，吉祥美丽。

在龙凤纹之下，是土家先民在骑马前行。马与人的造型古朴有趣，寓意土家先民在龙凤呈祥的护佑下、国泰民安，风调雨顺，人丁兴旺。整幅织锦以大红作地，既使用了传统原色强烈对比的配色法，又使用了具有现代审美的同类色配色法。整幅织锦洋溢着喜庆吉祥、文明昌盛、幸福如意的寓意。

图4-2-51 传统纹样龙凤人马纹（刘代娥作品）

◎ **工作任务实施**

工作任务2　土家织锦的传统纹样

学
生
工
作
手
册

工作情景描述

　　相关部门举办土家织锦技能大赛或职业资格考试，要求考试土家织锦传统纹样的理论基础知识，传统纹样理论基础知识占30%，实操占70%，传统纹样的理论基础知识考试内容包括土家织锦传统纹样的八大类知识。

学习目标

　　1. 素质目标

　　（1）培养学生的职业道德和敬业精神。

　　（2）培养学生的社会责任心，认真、严谨的工作态度和虚心的学习态度。

　　（3）培养学生掌握土家织锦图案的各种理论基础知识，善沟通、能协作、高标准、重创新的专业素质。

　　2. 知识目标

　　（1）培养学生自主学习的能力，掌握土家织锦传统纹样的基础知识。

　　（2）掌握土家织锦的图案特点、组成形式、纹样分类等知识，为今后的织造和理论研究打下坚实的基础。

　　3. 能力目标

　　（1）培养学生吃苦耐劳的工匠精神，具备全面系统学习与土家织锦传统图案相关的理论知识和认识土家织锦传统纹样及其分类的能力。

　　（2）培养学生对传统图案的表达能力。

建议课时

　　2课时

工作流程与活动

　　工作活动1：任务确立（课前自习）。

　　工作活动2：方案制定（10分钟），课程中的重点知识用笔作记号，加深对知识点的理解和记忆。

　　工作活动3：进一步学习土家织锦传统图案特点、图案的组成形式、图案的分类等知识（65分钟），扫二维码观看微课内容。

　　工作活动4：任务评价与总结（15分钟）。

工作活动1　任务确立

一、活动思考

思考1：土家织锦图案主要来源于哪些方面？

思考2：传统土家织锦有哪些传统纹样，最经典的勾纹图案有哪些？

二、思想提升

"问渠那得清如许？为有源头活水来。"如何理解南宋朱熹《观书有感》中这句诗蕴含的哲理与学习土家织锦传统纹样的关系？土家织锦传统纹样对现代的设计有哪些重要价值？

三、工作任务确立

1.土家织锦图纹的产生与土家人的_____息息相关，相互依存，相互交融。图纹所表现的是土家先民对_____的再认识，它承载着丰富的民族文化信息。

2.传统的土家织锦图纹_____，_____，_____，由于受织锦工艺的限制及本民族纯朴审美趣味的影响，其造型在艺术风格上不求具体、复杂的图像，而善于以意象的再现来表现对象。

3._____是人类成长中自然模仿的一个必然过程，表现在土家织锦中的图纹重复则是一种"观念符号"的认知和再实践，是一种主动灵活的重复。

4.土家织锦传统图案的构成形式有其_____、_____、_____。

5.土家织锦的图案大部分由_____、_____、_____、_____构成，反复循环并根据织锦织造时的实际长短需要来决定循环的多少。

6."台"是土家织锦纹样中的主体纹样，它的排列方式是按_____排列。

7._____是土家织锦中出现频率最多的一种传统装饰纹样，这种以勾纹为主体的装饰纹样在斜纹彩色西兰卡普传统图案中占七分之一左右。

8.在土家织锦中原始渔猎时代的痕迹，以_____和_____纹样最具代表性。

9.土家织锦纹样涉及土家人的生产生活和生态环境，甚至思想意识的各个领域。其中以表现_____器物用品的题材图纹最具地域特色，其品类数量之多实属罕见，在中华织锦大家族中独树一帜。

10.土家族生活在武陵山区的崇山峻岭之中，大自然环境优美，花草植物丰富，为土家织锦的_____提供了丰富的资源。

11.土家织锦被称为_____的土家族历史，承载着重要的远古信息。

12.清雍正年间，由于朝廷推行"改土归流"政策，武陵山区取消了"蛮不出境，汉不入峒"的禁言，土家族地区的经济、文化有了很大程度的发展，满汉文化的大量传入，一些常见的_____和_____出现在土家织锦上。

工作活动2　方案制定

一、活动思考

思考1：简要回答土家织锦图案的艺术魅力。

思考2：土家织锦图案分为哪几大类？分别有哪些纹样？

二、思想提升

"古人学问无遗力，少壮工夫老始成。纸上得来终觉浅，绝知此事要躬行"。结合土家织锦图案的学习，如何理解这句话的含义？

三、活动实施

活动步骤	活动要求	活动安排	活动记录
步骤一 学习方法与练习	在学习过程中，要想将土家织锦图案知识学得扎实，需要通过学习文本资料、网上查阅资料、参考各种织锦实物资料，加深对图案知识的理解，为后面的设计和织造打下坚实的基础	自主学习土家织锦图案相关知识	通过看书，欣赏织锦实物，同时与每个知识点结合，做笔记、划重难点
步骤二 加深专业知识的理解	通过看微课，学习土家织锦的传统纹样，通过观察土家织锦实物，结合理论知识，加深对土家织锦图案来源、历史背景、工艺的综合理解	从微课中进一步了解土家织锦的图案特点、组成形式及图案分类知识	看土家织锦实物、图片、视频，结合老师授课时的讲解，加深对土家织锦图案知识的理解
步骤三 培养提出问题并进行总结的能力	通过学习，将土家织锦图案特点及分类等知识融会贯通，能快速回答图案的相关问题，提高归纳和总结土家织锦图案相关知识的能力	从微课、文本资料、其他学习资料中找出相关的重难点知识	能组织语言，归纳各个知识点，并记录在学习笔记上

工作活动3　学微课

意象的再现与"名存形异"	直线的强化与几何造型	连续对称与重复变异	图案组成形式

勾纹图案

动物类纹样

生产生活类纹样

植物类纹样

天象地属类纹样

吉祥意象类纹样

工作活动4　任务评价与总结

一、评价

一级指标	序号	二级指标	序号	评价内容	权重	自评	互评	教师评
工作能力（30分）	1	思维能力	1	能够从不同角度提出问题，并考虑解决问题的方法	1			
	2	自学能力	1	能够通过已有的知识和经验独立获取新的知识信息	1			
			2	能够通过自己的感知分析图案特色，并能正确地理解图案的组成形式	1			
	3	实践创作能力	1	能够根据所学内容获取新的知识，用于创作作品	5			
			2	能够规范、严谨地撰写所学知识的重难点	5			
	4	创新能力	1	在小组讨论中能够与他人交流自己的想法，敢于标新立异	5			
			2	能够跳出固有的课内课外知识，提出自己的见解，培养自己的创新意识	5			
	5	表达能力	1	能够正确地组织和表达自己对土家织锦图案的见解	5			
	6	合作能力	1	能够为小组提供信息，质疑、归类、阐明观点	2			

一级指标	序号	二级指标	序号	评价内容	权重	自评	互评	教师评
学习策略（20分）	1	学习方法	1	根据本次工作任务对学习内容进行归纳，划重难点	10			
	2	自我调控	1	能根据本次任务正确表述土家织锦图案的特点	4			
			2	能够正确运用各种学习方法	2			
			3	能够有效利用各种学习资源	4			
学习得分（50分）	1	职业岗位能力	1	掌握土家织锦图案特点、组成形式、纹样分类相关知识	10			
			2	看土家织锦传统织锦实物后，能准确表达作品的图案知识	10			
			3	依照土家织锦行业标准，能正确撰写图案相关知识	30			
总评								

二、总结

反思	
改进	

模块5

土家织锦的传承
与创新设计

○ 项目1

土家织锦的创作

◎ **工作任务导入**

项目1　工作任务书	
任务	本项目主要介绍土家织锦图案创作流程和原则 任务1：掌握土家织锦传统纹样的构成形式和形式美法则，分析土家织锦传统纹样的构图 任务2：根据土家织锦传统纹样的构成形式和形式美法则，按照土家织锦创作流程进行土家织锦图案设计
企业行业要求	要求掌握土家织锦传统图案构图原则和图案创作流程及步骤，并运用所学知识进行土家织锦图案创作
任务要求	本项目有2个任务要求，具体如下： 任务要求1：根据土家织锦传统纹样的构成形式和形式美法则，对传统土家织锦的纹样进行工艺分析后，按照土家织锦创作流程进行图案设计，并对构图造型、色彩搭配和工艺进行分析，完成土家织锦图案设计方案的撰写。1课时 任务要求2：根据土家织锦图案设计方案，完成图案绘制和色彩的上色效果。1课时 任务形式：掌握土家织锦图案设计方案的撰写和工艺意匠图的绘制 建议课时：2课时
工作标准	工艺染织制作工（土家织锦）职业（工种）初级 土家织锦基础设计（图案设计）：能捕捉素材的艺术特征，能将素材概括成基本图案并运用于土家织锦的创作 对接方式：熟练掌握土家织锦传统图案纹样构图、造型的艺术特征，运用所学知识进行土家织锦图案创作

◎ **小组协作与分工**

课前： 请同学们按照异质分组原则分组，协作完成工作任务，并在下面表格中写出小组内每位同学的专业特长与学习情况。

组名	成员姓名	专业特长	学习情况

◎ 知识导入

问题1：土家织锦图案的创作要经过哪些流程？

问题2：土家织锦图案创作中最核心的创作点是什么？

问题3：土家织锦图案在创作中要遵循哪些设计原则？

◎ 知识准备

千百年来，一代代土家织锦艺人吸取大自然与社会生活中美的精华，不断创新、完善设计理念，流传至今，已有上百种争奇斗艳的传统图案。这是十分宝贵的民族文化财富，不仅是图案本身，还有老艺人们天人合一的审美取向；从斜织腰机工艺生产技术与限制出发，将大千世界的种种物象，艺术化为审美意象的创造性思维与相应的工艺技法，是中国非物质文化遗产的瑰宝，值得创造性地继承，并在此基础上，结合新的时代精神与当代人的不同需要，与时俱进，不断创新。

一、传统土家织锦图案的设计原则

对美的追求是人类的天性，是人与生俱来的一种心理需求。图案不仅可承载人们对美好事物的追求，而且可体现人类的审美情趣。虽然人们对于"美"并没有统一的标准，但仍然可以发现，图案的规律性与形式美是通过一定的法则来表达和呈现的。

1. 变化与统一

变化与统一是图案造型的两个基本规律，没有变化，图案就没有生命力，只有存在变化的图案才能突出差异性。与变化相对立的统一，是制约变化的重要因素。统一是为了寻求一种整体的协调，使图案的各部分都有一定关联。变化与统一是相辅相成的，需要在统一中寻求变化，在变化中寻找整体感。图案的变化不是没有限度的，变化需要统一的形式、色彩或者方向，以避免因变化带来杂乱感。统一是对所变化的元素进行整体调整的过程，使它们形成一个主体旋律、色调等，让观者在视觉感受上既有整体和谐的舒适感，又有一定的刺激感。

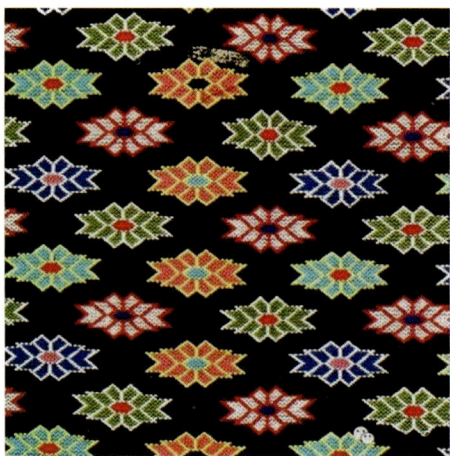

图 5-1-1 "棉花花"中的变化与统一

从图 5-1-1 中可以看出，相同花朵的造型构成统一的图案，在色彩上追求不同的冷暖对比效果，整幅画面显得既有变化又和谐统一，每朵花具有相同的造型，使"棉花花"构成统一的图案。但在色彩上追求变化，通过变化使整幅画面在视觉上得到统一。

2. 对称与均衡

对称与均衡也是通过造型或色彩等要素给图案以变化统一感。对称是造型和色彩在不同位置上的相同表现，而均衡则是在不同位置上通过力的对比所形成的视觉、心理上的一种平衡。对称的结构具有一种均匀的美感，给人以庄重、大气的视觉感受，因为它的变化较少，所以容易产生和谐感。但是如果过于对称统一，也会给人带来单调、呆板的印象。均衡是一种等量不等形的组合形式。这种形式不要求中轴线或者中心点左右完全相同，它的变化相对自由。在图案设计中，应把握住画面的重心，保证重心的平衡。在构图、造型、色彩上进行适当的处理，才能达到视觉均衡的效果。在图 5-1-2 中，可以看出整体图案的造型，左右上下都是对称的，中心对称的勾纹变化，颜色把握画面的重心，图案的构图、造型、色彩的处理，在视觉上达到对称均衡的美感。

图 5-1-2 "四十八勾"中的对称与均衡

3. 对比与调和

对比与调和是自然界中随时随地都存在的一种生态现象，正如颜色的强烈反差、形状的大小、表现强弱的对比，这两种截然相反的状态通过一定的调和方式共存于一个事物之中，既有一定的反差，又相互依存，有对比的画面会充满生机和活力，产生积极的心理影响。而调和具有统一视觉效果的作用，经过调和的画面给人大方、平和的感觉。事实上，对比与调和的关系十分类似于变化和统一的关系，都是通过在整体中的小部分变化或者对比，使图案表现出更加丰富的层次感，但同时又把这种对比效果统一于整体中。由此可见，对比与调和也是相互影响的。图5-1-3《凤穿牡丹》颜色运用了红与绿的对比色，图案主体凤凰与花朵表现出强弱的对比，凤凰与花朵用相同色彩进行调和，使整幅织锦更加丰富并有层次感。

4.比例与黄金分割

形状的大小比例对图案的结构具有直接的影响，自然界中一切物体均具有合理的比例数值，黄金比例被公认为是最完美的比例。黄金分割在设计中经常出现，其比值约为0.618，也就是大约3∶5的比例。

5.整齐一律

整齐一律又称单纯齐一，表现于对等、对称、照应、重复、均衡等因素中，既表现了事物固有的外在特征之间、形式因素之间的相似性、统一性，又给人以整齐、匀称、稳定之美。

6.节奏与韵律

利用韵律和节奏上的不同，在视觉上引起轻重之分，使视线在画面不同位置的节奏感产生一种心理上的欢愉感。造型、色彩、处理技法等同一因素有规律的重复或反复交替出现所产生的韵律感被称为节奏。韵律在图案中的体现是同一造型有规律地重复出现，是图案要素的不断重复所产生的条理性。在图5-1-4"牡丹花"织锦作品中，利用有规律的连续进行的完整运动形式，反复、对应等形式将不同色彩的牡丹花变化后加以组合，构成了上下连贯有序的整体表现方法。整幅画面的折线构成一种有韵律和节奏的效果，中部折线和两侧折线在视觉上形成节奏之感。

土家织锦的图案设计遵循形式美法则，而土家织锦工艺品的设计还要考虑主要图案与其他面料的搭配，要考虑设计和制作的特色产品要呈现"民族风""现代感"。从外形设计、制作材料、色彩应用到产品设计体现功能美、精神价值美、未来概念美的统一。

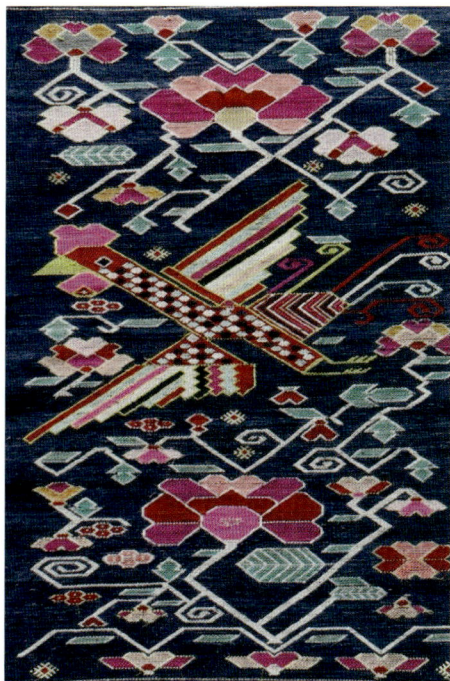

图 5-1-3　"凤穿牡丹"中的对比与调和

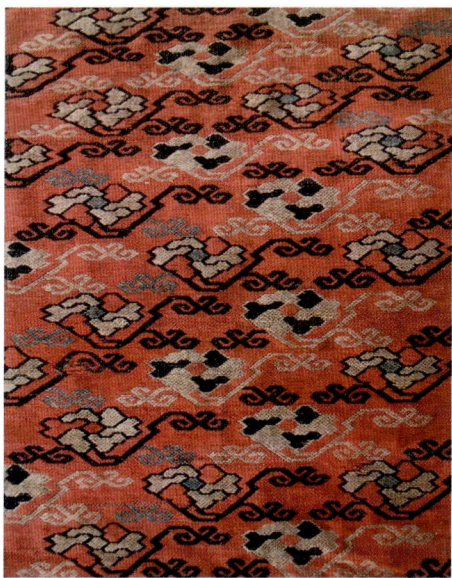

图 5-1-4　"牡丹花"中的节奏与韵律
（图片来源：《湖湘织锦》）

二、土家织锦图案创作流程

1.设计构思

设计就是设想、运筹、预先的计划，是人类一系列的思维活动，离不开构思。构思就是根据设计要求，运用艺术创意方法，经过思考，将有关资料进行创造性地组合，而在头脑中形成作品意象的过程。设计构思，是对既有问题所作的许多可能的解决方案的思考，其核心是考虑表现什么和怎么表现。在设计构思土家织锦图案的时候，要充分挖掘土家织锦厚重的传统文化，结合现代文化进行再创造。土家织锦的图案造型、色彩搭配、线材质地、功能使用等都是设计者构思过程中需要考虑的因素。

2.设计构思深入

先初步酝酿确定风格，根据设计的土家织锦产品用途、使用对象、使用环境等因素确定产品的设计风格。根据设计风格，反复思考和推敲，这样造型、色彩、材料或肌理、细节、图案和装饰手法等思路就会越来越清晰。设计构思深入常用方法有：由一件事物推想到与之有关的其他事物，并在此过程中得到启发的联想法；根据自然界各种事物的原型，通过思维的启发进行再创造的模仿法；将两种或两种以上的元素组合成一种新物象的合成法。

3.设计表达

设计表达是将构思设计通过设计草图、设计效果图展示构思和想法，这也是设计过程中最重要的一部分内容。下面以"福"字为例进行创作设计，"福"源自中国的民俗文化，历史悠久，涵盖面广，如今已渗透到人民生活的点点滴滴，折射出中华民族的生活观念及价值观。

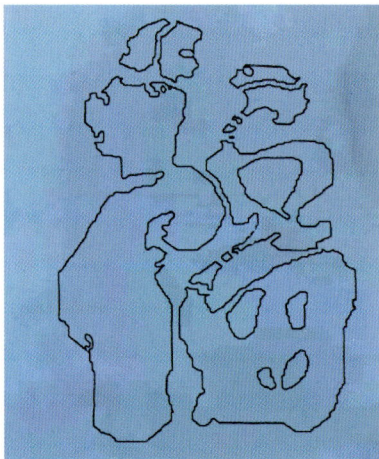

图5-1-5　草图绘制

（1）草图绘制　通过资料收集，了解"福"文化的内涵寓意，设计思路越来越清晰，然后确定男女"福"字。按男左女右对福字造型进行设计，如图5-1-5所示，左边是一位土家阿哥含情脉脉地看着右边翩翩起舞的土家阿妹，阿哥的"衣"字表示平安，阿妹的手和身体为"口"，意为人口，而裙摆为"田"，指田地，有人有田平平安安就是"福"。不管是单纯的土家织锦设计还是土家织锦产品设计，都离不开土家织锦图案、色彩、工艺等方面的创新。

（2）工艺意匠图　土家织锦工艺意匠图必须绘制在坐标纸上，才能按照颗或格的数量来挑织。纸上每一个方格代表织物中的一颗或一格。横向表示纬线，竖向表示经线。坐标纸格子的大小与箱的规格一致，织出来的图案是一比一大小。如果不一样，还需要计算坐标与实际箱的标准差多少，要计算准确，有的需要放大，有的需要缩小。

把预先画好的草图画在坐标纸上，然后根据花型的需要，把图案整理为黑白稿。采用装饰性线块手法画出主体形象、主体骨架、主体色块的意向。通常用铅笔绘制草图，定稿后用铅画出正式格子的设计图，方便上色。如图5-1-6所示。

根据黑白稿进行色彩设计，依线填色，配色简单的先填底版色，便于确定织锦色调和整体装饰轮廓线的修改。填色是一个按整体效果布局、进行多次填色和完善的过程。按照前面所讲的色彩知识，根据同类色的搭配、冷暖色的互补等来给黑白稿上色。常用的上色工具和材料有彩色铅笔、马克笔、水彩笔、颜料等。如图5-1-7所示。

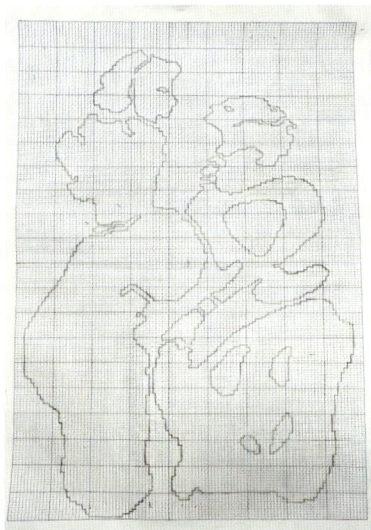

图5-1-6　工艺意匠图描绘

图5-1-7　工艺意匠图上色

4.按设计稿制作成品

按照设计意匠图的效果，用土家织锦织造工艺完成平纹织造。如果只是单纯的土家织锦壁挂设计，缝制好周围的边就结束了。如果是土家织锦产品设计，还有后续产品的制作过程，将土家织锦融入实用产品中，形成具有特色的土家织锦产品。如图5-1-8所示。

单纯的土家织锦纹样设计，只要遵循纹样的设计原则进行设计。如果是将纹样用于产品设计，就要遵循产品设计原则进行整体设计，从产品的外形设计和内部结构、制作材料、色彩应用到产品设计功能性和装饰性达到和谐。

图5-1-8　土家织锦福字成品

三、土家织锦图案工艺意匠图的绘制

传统土家织锦工艺意匠图所用的坐标纸大小为4开，适合创作较大的图案。在日常练习时，可以用A4大小的坐标纸进行小幅作品的图案设计。

1.坐标纸的绘制（以Excel或WPS表格为例）

打开WPS新建表格，全选表格，在菜单栏里选择行和列，输入行高0.2厘米，列宽0.3厘米，确定好格子和坐标纸的大小后，用开始菜单栏里的所有框线绘制边框，最后打印预览调整好整体布局，就可打印出A4大小的坐标纸。如图5-1-9所示。

2.传统土家织锦工艺意匠图绘制

传统土家织锦的档头一般为平纹，被面为斜纹。在绘制工艺意匠图时，要掌握平纹和斜纹的绘制。平纹参考之前的图案和口传挑花口诀进行织造，也可以按纹样占格多少画在坐标纸上，进行配色填色，如图5-1-10所示。斜纹格的画法依托于平纹意匠纸填格画色，只是填

169

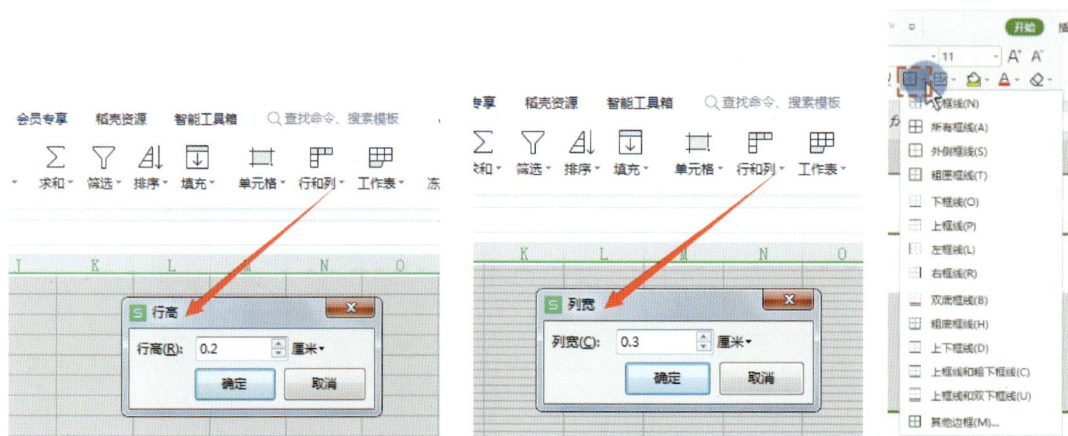

图 5-1-9　绘制坐标纸

格方式十分严谨工整。依斜纹梯级走向的斜线一定是像楼梯台阶一样的半格齿状填色，填错一点则斜线就会不直，如图 5-1-11 所示。

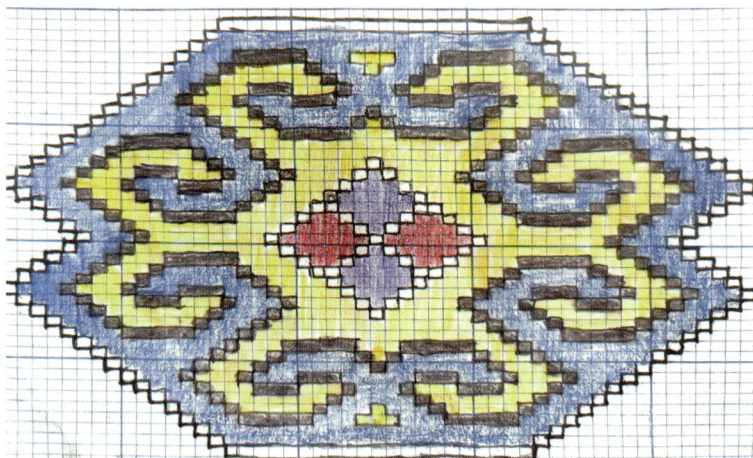

图 5-1-10　平纹对斜图案绘制

图 5-1-11　斜纹交错半格绘制

3.现代图案工艺意匠图绘制

现代创新图案都是平纹织造工艺，绘制方法参考"福"字创作中的操作。把草图绘制在坐标纸上，再按线描出在一小格中的占比，用"四舍五入"法取舍构成图案的格子。

◎ 工作任务实施

工作任务1　土家织锦图案设计

学
生
工
作
手
册

> ## 工作情景描述

通过参观湘西自治州博物馆，了解到该馆收藏了许多年代久远且具有代表性的土家织锦，这些土家织锦展现了历代土家族妇女的智慧和对美好生活的向往。某土家织锦厂要把这些具有艺术特色的土家织锦图案传承并进行创新性设计。请同学们根据土家织锦传统纹样和图案创作流程及设计原则，完成土家织锦图案设计方案和工艺意匠图的绘制。

> ## 学习目标

1. 素质目标
（1）培养学生树立正确的艺术观和创作观。
（2）培养学生的创新意识和探索精神。
（3）培养学生善沟通、能协作、高标准的专业素养。

2. 知识目标
（1）掌握土家织锦图案的创作流程和设计原则。
（2）掌握根据草图绘制工艺意匠图的技巧。

3. 能力目标
（1）能制订多种土家织锦作品的方案。
（2）具有土家织锦图案设计和转化工艺意匠图的专业能力。

> ## 建议课时

2课时

> ## 工作流程与活动

工作活动1：任务确立（课前自学）。
工作活动2：图案设计方案制定（1课时）。
工作活动3：工艺意匠图绘制（1课时）。
工作活动4：工作任务评价与总结。
工作活动5：课后拓展。

工作活动 1　任务确立

一、活动思考

思考1：从传统图案中分析土家织锦的设计原则有哪些？
思考2：列举表现对比与调和的传统图案。

二、思想提升

"有志于某种事业者，与其临渊羡鱼，毋宁退而结网，结网无他，即当对于此某事业所需要之能力先加以充分的准备。"根据本段话，如何理解创作前准备工作的重要性，在任务确立后，主要应考虑哪些因素？

三、工作任务确立

1.织锦企业需要的产品类型是：现代图案○　传统图案○

2.织锦企业需要的产品组织结构是：上下斜○　斜纹○　斜纹抠斜○

3.织锦企业需要的创新设计方案是：草图○　效果图○　工艺意匠图○　设计方案○　实物○

4.织锦企业需要的产品材质是：化纤线○　棉线○　麻线○　丝线○　毛线○

工作活动 2　图案设计方案制定

一、活动实施

活动步骤	活动要求	活动安排	活动记录
第一步 了解客户需求	实际工作中，设计师除了要掌握扎实的设计实操能力，还必须具有良好的沟通能力。以小组为单位进行角色扮演，模拟人与人之间的沟通场景。通过小组讨论，拟定设计师需要了解的信息，进行有目的的沟通。确定设计主题和方向	具体活动1：角色选择 具体活动2：角色扮演 具体活动3：评价	了解企业和消费者的需求，对信息进行收集、整理和筛选
第二步 设计准备	看微课，学习土家织锦创作流程和设计原则 知识链接： 1.土家织锦创作流程　　2.设计原则	具体活动：看微课，进行土家织锦图案分析	记录微课学习中的重点、难点和疑点
第三步 方案制订	文案撰写规范： 1.字数在300字以上 2.对所设计的图案进行文案分析说明 3.从文化寓意分析、织物结构工艺分析、造型构成形式分析、材料材质分析、色彩搭配分析等方面撰写此次设计理念	具体活动：撰写设计文案	对方案中讨论和修改的地方进行批改和标注

二、活动评价

一级指标	二级指标	评价内容	权重	自评	互评	教师评
工作能力（30分）	思维能力	能够从不同的角度提出问题，并考虑解决问题的方法	1			
	自学能力	能够通过已有的知识经验来独立地获取新的知识信息，能够通过自己的感知正确地理解新知识	4			
	实践操作能力	能够根据获取的知识完成工作任务，能够能规范、严谨地撰写文案	12			
	创新能力	在小组讨论中能够与他人交流自己的想法，敢于标新立异；能够跳出固有知识，提出创新性的见解	5			
	表达能力	能够正确地组织和表达图案设计的文案内容	5			
	合作能力	能够为小组提供信息，分析问题和解决疑惑，提出建议并阐明观点	3			
学习策略（20分）	学习方法	根据本次任务对自己的学习方法进行调整和修改	10			
	自我调控	能够根据本次任务正确地运用学习方法，有效利用学习资源	10			
作品得分（50分）	职业岗位能力	设计文案写作的规范性，企业的满意度	50			
总评						

工作活动 3　工艺意匠图绘制

一、活动实施

活动步骤	活动要求	活动安排	活动记录
第一步绘制图案造型	分析传统图案形式，根据织锦结构绘制纹样造型	具体活动：分析图案造型	标注传统图案的构成形式

续表

活动步骤	活动要求	活动安排	活动记录
第二步绘制工艺意匠图	将传统图案轮廓画在意匠纸上，然后按"四舍五入"法取舍构成轮廓的格子，确定图案外轮廓造型，也可以根据图案的挑花格数，进行临摹绘制	具体活动：绘制土家织锦工艺意匠图制	数好格子，确定图形区域
第三步意匠图上色	依格填色，根据传统纹样的配色，在意匠纸上填色，便于确定织锦的色调和整体效果。一般上色宜薄，以能隐约看见格子线为宜	具体活动：为工艺意匠图配色	统计色彩，画出色卡

二、活动评价

一级指标	二级指标	评价内容	权重	自评	互评	教师评
学习过程（60分）	思维能力	能够正确评价其他组在传统纹样绘制中存在的问题，并提出解决方法	10			
	自学能力	能够在规定时间内通过自学线上资源，完成自测	10			
	实践操作能力	能够撰写图案设计方案，绘制图案的工艺意匠图并填色	10			
	创新能力	在小组讨论探究过程中，能够与他人交流自己的想法，敢于标新立异	10			
	表达能力	能够分享自己组的方案和工艺意匠图，与组员讨论选出最佳效果图	10			
	合作能力	能够和小组中其他组员合作，修改完成小组方案并绘制工艺意匠图	10			
作品得分（40分）	职业岗位能力	工艺意匠图的效果	20			
		客户的满意度	20			
总评						

工作活动 4　工作任务评价与总结

一、评价

指标	评价内容	权重	自评	互评	教师评	企业评
工作活动探学（45分）	线上讨论情况	15				
	线上视频观看情况	15				
	线上自测题完成情况	15				
课中任务（35分）	土家织锦图案设计文案	15				
	土家织锦图案工艺意匠图绘制	20				
课后拓展（20分）	企业满意度	20				

二、总结

与企业沟通能力	进步	
	欠缺	
方案制订能力	进步	
	欠缺	
方案汇报能力	进步	
	欠缺	
意匠图绘制能力	进步	
	欠缺	
改进措施		

工作活动 5　课后拓展

一、图案概念

图案广义上是指设计者根据使用和美化目的，按照材料、结合工艺、技术和经济条件等，对器物的造型、纹饰和色彩等进行设计，按设计方案制成的图样。狭义的图案则是指器物上的装饰纹样和色彩。

二、土家织锦图案设计的理念与原则

1. 艺术来源于生活，用心观察

设计图案的宗旨是美化人们的服饰、用品和生产生活环境，丰富人们的精神文化生活，不断提高人们生活质量。在日常生活中，应留意观察哪些产品为人们带来了精神和视觉享受，加强学习，并应用在自己的设计中。

2. 继承传统，不断创新

土家织锦的图纹式样，蕴含着民族的历史渊源，在寓意民族文化方面，它是直观化的艺术语言。土家织锦因其材料和工艺的特殊性而形成了独有的技艺美，这给今天的艺术创作带来启迪。设计要在继承传统的基础上，结合新的时代精神与当代人的不同需要，与时俱进，不断创新织锦图案和产品。民族民间的工艺文化，自然本源的织造材料，新颖实用的织锦产品，会越来越受到大众的青睐。

3. 从土家织锦工艺实际出发

土家织锦在中国工艺文化中占据重要地位，它集各类织锦之长，兼容包纳。土家织锦"通经暗纬，断纬挖花"的特有工艺手法，使色彩变化无穷，可以随心所欲地模仿油画、国画、版画等各种艺术形式，表现力极强。土家织锦工艺有其规范性和限制性，同时又有可塑性和包容性，为图案设计的创新提供了广阔空间。在设计图案时，要对图案设计本身进行剖析，如图案造型规律的构成、色彩的运用和图案的应用等。从工艺实际出发，把图案设计与产品设计相结合，图案的内涵与设计理念相结合，产品的使用价值与审美价值相结合，技艺与设计相结合。

○ 项目2 / 土家织锦的创新

◎ 工作任务导入

项目2 工作任务书	
任务	本项目主要介绍土家织锦色彩创新、图案创新和工艺创新及用途 任务1：掌握土家织锦创新知识，根据所学知识和市场调研，进行土家织锦产品开发方案的撰写 任务2：根据土家织锦产品开发方案，对开发产品造型、色彩、材料和工艺进行分析，完成产品效果图
企业行业要求	本项目要求掌握土家织锦创新知识，并运用所学知识撰写土家织锦产品开发方案并绘制效果图
任务要求	本项目的2个任务要求具体如下： 任务要求1：运用所学土家织锦创新知识，根据织锦厂产品开发要求，对旅游市场进行调研，确定产品开发方向，撰写相关方案 任务要求2：根据方案，对土家织锦产品的造型、色彩、材料和工艺进行优化，完成产品效果图 任务形式：撰写土家织锦产品开发方案，绘制土家织锦产品设计效果图 建议课时：2课时
工作标准	工艺染织制作工（土家织锦）职业（工种）中级 1.土家织锦产品造型设计：能根据要求进行产品设计规划，先收集和整理资料，再根据要求选择材料，然后设计草图；能进一步完善土家织锦产品的造型设计 2.计算机辅助设计：能使用设计软件的常用技法进行产品效果图的设计 对接方式：掌握土家织锦创新知识；根据所学知识和市场调研，进行土家织锦产品设计开发和产品效果图绘制

◎ 小组协作与分工

课前：请同学们按照异质分组原则分组，协作完成工作任务，并在下面表格中写出小组内每位同学的专业特长与学习情况。

组名	成员姓名	专业特长	学习情况

◎ 知识导入

问题1：土家织锦的产品创新有哪些方面？

问题2：土家织锦有哪些创新的表现形式？

问题3：怎样把土家织锦的创新点融入产品设计中？

◎ 知识准备

土家织锦集各类织锦之长，兼容包纳。进入21世纪，土家织锦逐渐向现代生活靠拢，走上了一条民间手工技艺和现代工业平行共存的和谐发展之路。

一、色彩创新

土家织锦的色彩在实际运用中讲究"画面无巧，热闹为先；用色无巧，斑斓为佳"的原则。在土家织锦的传统配色中，为营造强烈、跳跃的"热闹"效果，匠人通常将高纯度的原色、互补色和对比色等颜色置于同一锦面，如红与绿、蓝与橙、黄与紫等补色经常一起使用，最大限度地保留色彩的明度和纯度等，从而极大地增强了色彩的对比度，使画面形成鲜明、绚烂的浓烈对比，达到"色彩斑斓"效果。在土家织锦色彩创新方面，土家织锦技艺国家级非遗传承人叶水云影响了一大批匠人的配色观念。

叶水云建立起对色彩的组合配置、冷暖对比、渐变推移、象征寓意和功能作用等方面的全新认知，并将其融入传统织锦的现代实践中，逐步形成一套特有的织锦配色方法。她摒弃土家织锦原有的高纯度原色和补色的强对比色彩形式，在一块织锦中以一个色系为主，大量运用间色和复色（即灰色），以及同类色和近似色，将色彩的对比度控制在一定范围内，更多的是调和与统一。锦面呈现淡雅清新、富丽高贵，浓淡相宜、隽永含蓄的色彩效果，给人以粗犷中有细节、大气中显精巧的视觉感受。以往土家织锦的色彩都是以整块平涂的方式出现，一个色块中不会出现浓淡渐变的现象。为了表现现代图案中的色彩渐变效果，叶水云尝试把两种以上颜色相似的纬线绞合在一起，或由浅到深，或由深至浅，每喂一根纬线都使色彩逐步推移，使画面呈现比较自然的色彩渐变效果。此外，为了表现织锦画面中面积较大的平涂色块，不至于使一种颜色呈现单调乏味之感。叶水云在挑织过程中会掺杂其他颜色的细纬线，并以斜织的方式来表现，丰富平涂块面的色彩，在单色块中夹杂一些细微的色彩变化。通过"色彩推移法"来表现现代装饰图案的土家织锦（图5-2-1），不仅丰富了画面的色彩和层次，使色彩过渡更自然、更真实，也拓宽了传统土家织锦在现代语境下的表现方式。

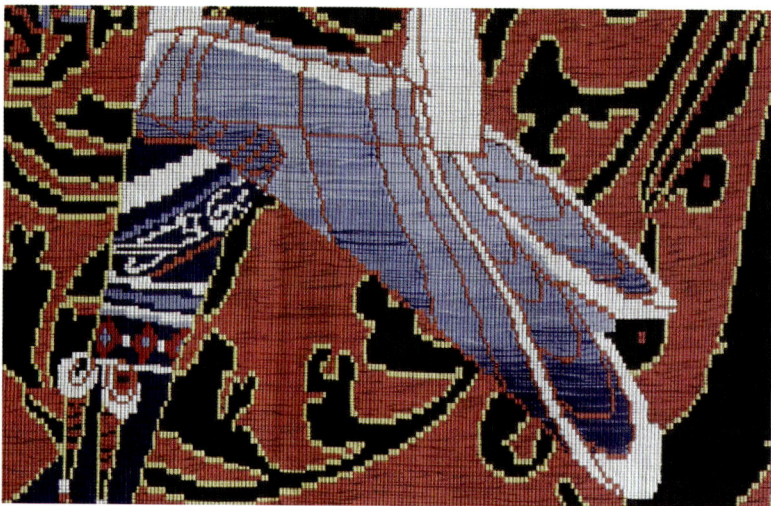

图 5-2-1　土家织锦作品《和平女神》中的色彩推移法

二、图案创新

图案内容上的创新，是将中华人民共和国成立后欣欣向荣的农村新场景、新人物、新活动引入土家织锦图案，使作品充满时代气息。同时采用新技法，表现土家山寨民俗活动、特色民居，展示民族风情，体现土家民族特点与精神。

形式上的创新，是由抽象表现动植物、天象地物、器物等的传统几何图案为主到具象表现土家风土民情画面为主；构图上由传统的直线、斜线为主发展为结合曲线、曲折线的形态构成；结构上由对称均衡为主发展为非对称均衡；色彩上由侧重心理感受，自由运色到写意性地表现新生活；设计上，运用传统的对斜织法，创新的主题性装饰绘画类壁挂产品大量涌现，突破了传统土家织锦几何纹样连续排列的表现形式，增强了观赏性与艺术性。

土家织锦中的所有传统图案，均为高度抽象的、几何化的块面结构纹饰，即使有人物和动物等形象，也不再追求形似。随着时代的发展，人们的审美需求不断发生变化，现代图案装饰性的、具象化的精细纹样对传统图案也有一定的冲击。

图5-2-2所示的土家织锦作品《古韵新苗》，是叶水云指导罗娟设计的，背景图案采用战国时期青铜器《宴乐狩猎水陆攻战图》中的水陆攻战场景、敲击编钟等用古代经典图案，这是在传统图案上的创新，色彩采用淡黄和中黄，与黑色图案形成对比，衬托出现代少女的皮

肤与衣服，使整幅画面显得活泼可爱，突出了少女优美灵动的姿态。

图5-2-2　现代装饰土家织锦作品《古韵新苗》

三、工艺创新

土家织锦在图案和色彩上的创新，也推动了工艺的革新。要想使图案精细、色彩丰富，必须在织造工艺上有更高的要求。

图5-2-3所示为叶水云在织造过程中首创土家织锦的"半格法"挑织工艺。之前的土家织锦中无法表现较细的线和人物精致的五官和手。她通过对照画稿和坐标图纸，对一些细节反复试织，创造性地以"半格法"挑织和变化筘的密度等方法完美地解决了这个问题，使人物的五官和手更加细腻逼真。按照传统织锦工艺中"斜"的原理，把一颗（格）分为两个"半格"，同时喂入两组不同颜色的纬线。"颗"是土家织锦图案中最小的基本单位，就是由5根经线与纬线相交形成的最小方格，颗的大小由筘的密度和喂入的线的粗细来决定。就像画画一样，用更细的笔勾线，轮廓线自然就会更加清晰了。

图 5-2-3　土家织锦作品人物的手采用
"半格法"挑织工艺

"色彩推移法"的创新，为了实现色彩层次感，在织造工艺上也进行了创新。把两种以上色彩相似的纬线绞合在一起，或由浅到深，或由深至浅，每喂一根纬线都使色彩逐步推移，使画面呈现比较自然的色彩渐变效果。

四、用途创新

传统土家织锦作品已不再单纯是土家花铺盖，而是被赋予更多的功能用途。改革开放以来，土家织锦艺人与企业坚持继承与创新相结合、装饰与实用相结合、产销与研发相结合，推出了一系列雅俗共赏、用途多样的产品。

土家织锦创新作品将传统手工艺的独特表现形式与现代生活相结合，创造出了具有土家织锦独特文化的创意产品。将土家织锦传统技艺融入当代市场经济，需要设计具有装饰和商业价值的产品，把商品本身的功能性和土家织锦装饰艺术性相结合，在外观上精心设计，功能上别出心裁完善，使土家织锦产品更有现代实用价值。

1.室内装饰用品（图5-2-4）

土家织锦室内用品的延伸发展，包括床罩、电视机罩、电风扇罩、椅套、沙发套、坐垫、靠垫、地毯、壁挂等。最常见的品种就是壁挂，由西兰卡普发展而来的壁挂，按图案分有传统和创新图案壁挂两大系列。按规格分，有常规和非常规两大系列。加工不同规格的壁挂，在高档宾馆、酒店装修时或嵌或挂，很受欢迎。

图5-2-4　土家织锦用于室内装饰用品（图片来源于网络）

2.旅游纪念品（图5-2-5）

旅游纪念品和文创产品的发展，使土家织锦产品丰富起来，如笔记本、笔袋、书签、文件袋、环保袋、挂件、手机壳等，这些土家织锦产品设计多为表层性创新，主要是在外观上进行美化再设计。

图 5-2-5　土家织锦用于旅游纪念品

3.服饰用品（图 5-2-6）

根据年轻人的需求，拓展设计出了土家织锦包饰、服装饰品等。湘鄂渝黔四省织锦企业开发的土家织锦披肩、领带、围巾等产品，实用又具装饰性。

图 5-2-6　土家织锦用于服饰用品

服饰配件和家居饰品的土家织锦产品要求深入功能设计层面，对产品的工艺技术要求较高，要把未来概念美学和艺术美学相融合。

◎ 工作任务实施

工作任务2　土家织锦产品开发

学生工作手册

➤ 工作情景描述

现代生活中，很多传统手工艺已悄然远去，为此只有把传统手工艺与现代生活方式相结合，融入当下的创新产品设计，才能实现活态传承。土家织锦是土家族的一张名片，也是推动当地文化旅游发展的重要产业。土家织锦不仅要传承，更要创新，要研发符合当下市场需求的土家织锦产品。请同学们为土家织锦企业研发土家织锦产品，撰写开发方案并完成产品设计的效果图。

➤ 学习目标

1.素质目标
（1）提高学生的土家织锦创新设计思维。
（2）增强学生的创新意识。
（3）培养学生善沟通、能协作、高标准的专业素质。

2.知识目标
（1）了解土家织锦创新设计的方向和创新设计的相关知识。
（2）掌握土家织锦创新设计实践操作要领。

3.能力目标
（1）能根据市场需求制订产品开发方案的能力。
（2）具有土家织锦创新产品设计的表现能力。

➤ 建议课时

2课时

➤ 工作流程与活动

工作活动 1：任务确立。
工作活动 2：方案制定（1课时）。
工作活动 3：设计土家织锦创新产品效果图（1课时）。
工作活动 4：工作任务评价与总结。
工作活动 5：课后拓展。

工作活动 1　任务确立

一、活动思考

思考1：进行土家织锦产品创新设计需要考虑哪些因素？
思考2：如何确定设计的土家织锦产品具有创新性？

二、思想提升

《考工记》中有："天有时，地有气，材有美，工有巧，合此四者，然后可以为良。"明确了天时、地气、材美、工巧是设计优秀作品的四个要素，它是一种"大的设计思想"，"和"的设计观念，一种"尚法天地，天人合一"的系统设计观。体现出设计者在设计之初、生产者在制作之中、消费者在使用之后注重内在统一、顺应大局、与自然相融合的设计思想。

三、工作任务确立

1. 了解土家织锦厂以往产品的类型。
2. 对旅游工艺品进行市场调研，了解土家织锦的市场需求情况。
3. 收集土家织锦创新设计素材并进行设计构思。
4. 掌握土家织锦产品的开发流程

工作活动2 方案制定

一、活动实施

活动步骤	活动要求	活动安排	活动记录
第一步 市场调研 准备	看微课，学习土家织锦创新知识： 土家织锦色彩创新　土家织锦图案创新 土家织锦工艺创新　土家织锦用途创新	具体活动： 观看微课，小组讨论土家织锦产品开发的目标市场和消费人群的定位	记录微课重点、难点和疑点，小组讨论要点记录
第二步 市场 调研	通过小组讨论，拟定调查问卷，进行市场调研 　以小组为单位进行土家织锦产品的调研，并设计产品调查问卷，进行市场调研，整理市场调查数据	具体活动： 土家织锦市场调研	记录调研数据和信息

续表

活动步骤	活动要求	活动安排	活动记录
第三步 开发方案 制订	方案撰写规范： 1.字数在600字以上 2.对产品的目标消费群和旅游织锦产品调研，进行数据分析和报告总结 3.根据土家织锦产品开发方向，确定主题元素和设计理念，撰写土家织锦产品开发流程和实施规划	具体活动： 撰写土家织锦产品开发方案	记录互评和老师点评意见

二、活动评价

一级指标	二级指标	评价内容	权重	自评	互评	教师评
工作能力（30分）	思维能力	能够从不同的角度提出问题，并考虑解决问题的方法	1			
	自学能力	能够通过已有的知识经验来独立获取新的知识信息，能够正确地理解新知识	4			
	实践操作能力	能够根据自己的知识完成工作任务，能够规范、严谨地撰写设计文案	12			
	创新能力	在小组讨论中能够与他人交流自己的想法，敢于标新立异；能够跳出固有的知识，提出新见解，培养自己的创新性	5			
	表达能力	能够正确组织和表达土家织锦产品开发的文案内容	5			
	合作能力	能够为小组提供信息，质疑、归类和检验，提出建议，阐明观点	3			
学习策略（20分）	学习方法	根据本次任务对自己的学习方法进行调整和修改	10			
	自我调控	能够运用正确的方法收集资料，进行数据整合和归纳、比较分析和总结，有效利用资源	10			
作品得分（50分）	职业岗位能力	调研报告和产品文案写作的规范性，客户满意度	50			
总评						

工作活动 3 效果图绘制

一、活动实施

活动步骤	活动要求	活动安排	活动记录
第一步绘制产品草图	根据市场需求和土家织锦产品定位，绘制土家织锦产品创作手稿、产品造型和装饰纹样草图	具体活动：土家织锦产品手稿草图	手稿修改备份留底
第二步绘制效果图	确定土家织锦产品创作设计细节（工艺、色彩、材料、装饰纹样等），并绘制出产品效果图	具体活动：土家织锦产品效果图	每个环节和绘制过程的记录
第三步确定产品规格	根据土家织锦效果图，完善产品规格尺寸、材料和工艺细节	具体活动：标注产品规格、材料和工艺细节	产品规格、材料、图案和工艺等细节的标注

二、活动评价

一级指标	二级指标	评价内容	权重	自评	互评	教师评
学习过程（50分）	思维能力	能够正确评价产品开发中存在的问题，并提出解决方法	8			
	自学能力	能够在规定时间内通过自学线上资源，完成自测	10			
	实践操作能力	能够分工完成各自的任务，将构思转化为效果图，并进行优化完善	8			
	创新能力	在小组头脑风暴和讨论探究，能够与他人交流自己的想法，敢于标新立异	8			
	表达能力	能够表述自己的开发思路，分享自己的设计构思和开发产品的手绘图	8			
	合作能力	能够与小组中其他组员合作，修改完成小组方案和开发产品的手绘图	8			
作品得分（50分）	职业岗位能力	开发方案和产品效果图	35			
		客户满意度	15			
总评						

工作活动 4　工作任务评价与总结

一、评价

指标	评价内容	权重	自评	互评	教师评	企业评
工作活动探学（45分）	线上讨论情况	15				
	线上视频观看情况	15				
	线上自测题完成情况	15				
课中任务（40分）	土家织锦产品开发方案	20				
	土家织锦产品效果图	20				
课后拓展（15分）	企业满意度	15				

二、总结

与企业沟通能力	进步	
	欠缺	
方案制订能力	进步	
	欠缺	
方案汇报能力	进步	
	欠缺	
效果图绘制能力	进步	
	欠缺	
改进措施		

工作活动 5　课后拓展

　　产品的设计与制作要适应市场需求，赢得消费者青睐，旅游工艺品无疑也要重视市场调研这一环节，旅游工艺品在生产投放市场前都有目标消费群，都是针对一定的消费购买群来进行设计。

　　旅游工艺品设计对于市场开发有重要的作用，设计具有市场定向作用，设计师要从市场需求中把握方向，为市场开发提供明确目标。设计师还要不断实现产品的更新换代，以便将科技进步所取得的成果应用于设计中，同时也要适应社会发展的需要；设计师还要通过提高产品的文化内涵和艺术品位，提升产品的价值，从而创造更高的产品附加值。传统旅游工艺品具有巨大的市场潜力，设计师要通过工艺品的差别化进行市场细分，寻找满足消费者需要的契合点，积极主动开拓市场。设计中还要注重产品的精神功能以及人性化的考虑，重视对消费者需求多样性和发展变化轨迹的研究，从而实现新的功能和使用方式。在产品开发中，艺术设计的审美创造是实现差别化和品牌特色的重要方面。旅游工艺品要通过审美创造诱导和激发消费者的购买欲，满足人们审美和精神生活的需要，从而扩大市场销售。旅游工艺品不同于一般的商品，它浓缩了某个旅游景区的形象特征、历史文化、民俗风情，具有高度的知识性、艺术性和纪念性，为了能够在设计中抓住最具表现力的元素，就需要通过对景区进行市场调查来获得各方面的信息，对其历史、风俗、文化、艺术以及地理特征、自然景观和人文景观等情况有系统的了解。

旅游工艺品的设计流程同其他商业化产品一样，都需要经历以下步骤。

1. 提出问题

这一阶段是旅游工艺品设计的起始阶段。作为旅游工艺品生产企业，在产品设计时要提出具有针对当下的、未来需求的设计与生产方向，包括要为哪个旅游景区设计旅游工艺品，为哪个年龄层次的消费者设计旅游工艺品，为哪类消费者设计旅游工艺品，设计什么样的产品，用什么材料，采取什么加工工艺，以及产品的价格，如何销售等要素。

2. 分析问题

这是旅游工艺品设计的关键阶段。在接到设计任务后，对设计任务进行分析，对市场进行调查，对消费者进行调查，对风格的确定等都是非常重要的因素。

3. 解决问题

经过市场调查分析，确定设计方向后，就进入解决问题阶段，主要步骤包括：草图的绘制过程、草图的确定，效果图的绘制，打样和样品制作，小批量生产、包装、宣传等，然后大批量生产投放市场。

4. 市场信息反馈

在企业设计活动中，市场信息反馈是将设计活动延续下去的重要环节，在旅游工艺品投放市场后，购买人群与设想的是否吻合，设计是否有特色，这些都有待在以后的新产品开发中更好地解决和提高。按照企业总体设计实施行为可细分为：确定要开发旅游工艺品的市场定位，制订产品开发计划，进行设计创意，构思分析草图，绘制工艺品效果图，选择主体材料及辅料，策划人员及设计人员进行讨论，修改、确定效果图，完成旅游工艺品开发的计划说明书，进行初步打样生产模型并讨论改版，进行打样修改并讨论改样措施，进行成本测算，进行系列产品的整体评判，包装上市、媒体宣传，市场信息反馈。

在进行土家织锦旅游产品研发时，要针对土家织锦旅游工艺品的设计生产流程了解：旅游工艺品市场调查与定位分析、消费者购买心理与行为分析、旅游工艺品设计调查、旅游工艺品设计创意方法、旅游工艺品设计表现形式、旅游工艺品采用的材料与工艺等内容。

旅游工艺品的市场调研可以由专业的市场调研公司受企业委托进行调研，也可以是旅游工艺品企业自己进行调研，许多旅游工艺品企业都设有企划部或市场推广部。对旅游工艺品设计师来说，要具有一定的市场洞察力，具有调研能力。首先对产品市场有一定的认识，根据产品定位确定目标消费市场，对同类产品进行分析和调查等，这些前期准备工作都离不开市场调研。第一种是问卷调查，对消费者的调查从购买、使用、使用后的评价等方面设置具体问卷，这是最常见的调查方法。第二种是观察法，通过观察购物情境，对进店人数、购买时长、是否购买和消费等分析得到调研信息和数据。第三种是对同类产品个案进行调研，对产品类型、风格、材质、工艺、色彩、图案、价位和销售服务等数据进行收集，并加以分析得到可以借鉴的信息。综合运用调研方法，能全面了解市场，有助于后续产品的设计开发。

旅游工艺品调查问卷（仅供参考）

1.您是否喜欢购买纯手工的工艺品？

A.是　B.否　C.说不定

2.您认为购买工艺品有必要吗？

A.很必要　B.一般会购买　C.一般不会购买　D.看情况而定

3.您不购买工艺品的因素是？

A.价格过高　B.实用性较低　C.审美过时　D.产品单一

4.您如果买工艺品会在什么情况下购买？

A.旅游在景区购买　B.博物馆周边店购买　C.文化街商铺实体店　D.网络平台购买

5.您在旅游过程中购买旅游工艺品吗？

A.购买过　B.从未购买过　C.记不清楚了

6.如果购买工艺品您会选择哪些类型？

A.手工艺品　B.纺织品　C.装饰品　D.文创品　E.其他

7.您购买过哪些工艺品？

A.艺术收藏品　B.旅游工艺品　C.文创纪念品　D.个性定制品

8.您购买工艺品会参考哪些方面？

A.实惠美观　B.实用性　C.可欣赏性　D.美好寓意

9.您认为工艺品的价格为多少较合适？

A.50~100元　B.100~500元　C.500~1000元　D.视工艺品而定

10.您购买工艺品是为了：

A.个人收藏　B.馈赠亲友　C.旅游纪念　D.恰好喜欢就购买了，没想那么多

11.请选择符合自己的情况：

您的性别：A.男　B.女

您的年龄：A.18~25岁　B.25~35岁　C.35~45岁　D.45~55岁　E.55岁以上

您的职业：A.学生　B.个体经商　C.公职人员　D.自由职业

您的文化程度：A.初中　B.高中　C.大专　D.大学本科及以上

您的月收入：A.3千元以下　B.5千元以下　C.1万元以下　D.1万元以上

12.您对工艺品（或旅游工艺品）设计有什么建议吗？

○ 项目3 / 土家织锦产品设计

◎ 工作任务导入

项目3　工作任务书	
任务	任务1：掌握土家织锦服饰品、家居饰品设计，并将土家织锦元素运用于其他设计，根据所学知识撰写土家织锦产品实施方案 任务2：根据土家织锦产品实施方案和效果图，制作土家织锦产品，完成样品
企业行业要求	本项目要求掌握土家织锦产品设计相关知识，并运用所学知识撰写土家织锦产品实施方案和制作样品
任务要求	本项目由2个任务要求，具体如下： 任务要求1：运用所学的土家织锦产品设计知识，根据产品实施目标、组织与进度安排、实施步骤和方法、技术路线、工具设备、材料与预算等内容撰写产品设计具体方案，1学时 任务要求2：根据设计方案，制作土家织锦产品，完成样品，土家织锦织造8学时，产品制作8学时 任务形式：撰写土家织锦产品实施方案，制作土家织锦产品的样品 建议课时：17课时
工作标准	工艺染织制作工（土家织锦）职业（工种）中级 土家织锦设计策略管理：能制定土家织锦产品策略和市场策略 土家织锦设计流程管理：能合理分析设计要素，并在此基础上制定土家织锦产品的设计生产目标；能制定土家织锦产品生产的过程和计划；能组织生产土家织锦产品；能控制产品的制作过程和计划的实施 对接方式：掌握土家织锦产品设计知识，运用所学知识撰写土家织锦产品实施方案并进行制作样品

◎ 小组协作与分工

课前：请同学们按照异质分组原则分组，协作完成工作任务，并在下面表格中写出小组内每位同学的专业特长与学习情况。

组名	成员姓名	专业特长	学习情况

◎ 知识导入

问题 1：土家织锦产品从设计到产品要经过哪些流程？

问题 2：土家织锦产品涉及的工艺技术如何处理？

问题 3：土家织锦织造和产品制作成形有哪些工序细节？

◎ 知识准备

土家织锦产品是以民族元素和文化资源为主设计的工艺美术产品，通过设计人员的智慧与灵感将文化内涵转化为设计元素，并与工艺、科学技术、商业化生产方式相结合，运用现代设计表现方式与思维模式，为文化内容找到一个符合现代人生活的新形式，是非遗传承的新载体。

一、土家织锦服饰产品设计

服饰是人类实践活动的产物，是生活用品，体现着人们的创作力量和审美理想。如今，土家织锦不再是传统土家民族服饰的特有特色，还被应用在现代时装的设计中。土家织锦有着悠久的历史与民族特色，其色彩与纹样记载着土家族的文明进程和历史变迁，现代服饰借鉴土家族织锦元素，既是对民族技艺的传承，又在此基础上不断进行创新，使土家织锦得以创新性发展和创造性转化。

土家织锦传统图案的转化运用，一种是局部原始样本的运用，另一种是对其打散再重组。除了图案这样直观的外化语言，传统土家织锦工艺给现代设计带来无数的灵感启发。丰富的土家织锦纹样元素，对设计师来说是一座巨大的宝库。

1.土家织锦应用于包饰

包有皮革包、布艺包等。土家织锦用于布艺包的设计最常见，其设计重点在图案及色彩装饰上。设计产品时，首先对产品造型进行设计，在对包型和内部结构设计的同时，也要把土家织锦元素融入包的设计中（图5-3-1）。

图 5-3-1　土家织锦包饰（湘西民族职业技术学院学生作品）

以土家织锦包饰产品设计为例：

（1）土家织锦包饰市场调研与总结。对土家织锦地区或旅游景区进行实地考察与市场调研，通过访问方式向被调查者了解信息和观察被调查者的活动情况，取得调查结果。了解土家织锦产品在市场上的种类、形式，收集市场上在销售的产品，并分析装饰图案、色彩、材料、工艺等。

①现有市场分析（表5-3-1）。

表5-3-1　现有土家织锦产品市场分析（仅供参考）

企业名称	产品范围	价格区间（元）	技术工艺	销售渠道
拾翠	中国非遗手工艺品	1500~30000	手工制作	手机客户端
乖幺妹	土家织锦系列	300~8000	手工制作	淘宝店铺
黎氏民族工艺公司	传统土家织锦	60~5000	手工制作	实体店

②土家织锦产品市场现状。审美过时、产品单一、价格昂贵和区域受限。

③问卷调查。市场调研问卷调研采用线上线下两种方式，调查人数450人，有效人数406人。经过问卷调查了解到：对现有土家织锦产品的认识普及率偏低；价格过高，审美过时，但是感兴趣的人群仍较多，市场空间较大。需要对产品进行再设计并丰富产品种类，来扩大销售市场。

（2）土家织锦包饰设计。综合市场调研分析，在涵盖湘西土家织锦传统产品的基础上，增强其功能性及设计性。土家织锦包饰设计主要表现在织锦图案搭配、包的造型和结构工艺处理，从材料、形式、工艺、结构四个审美范畴综合诠释土家织锦产品的魅力。首先对包型进行设计，确定为圆筒抽带布包；其次绘制草图，确定包体大小尺寸；最后确定包上的土家织锦装饰图案。

（3）土家织锦布艺包效果图表现。一般可采用手绘效果图和计算机效果图，在此以Photoshop设计软件进行土家织锦布艺包的绘制为例进行介绍。

①在PS中，矢量图的轮廓路径是使用钢笔工具绘制的。运用钢笔工具组里的工具，绘制出布艺圆筒包的轮廓（图5-3-2）。也可以在CorelDRAW里用贝塞尔工具、形状工具、艺术笔等工具完成线稿绘制，在保存时另存为JPG格式。

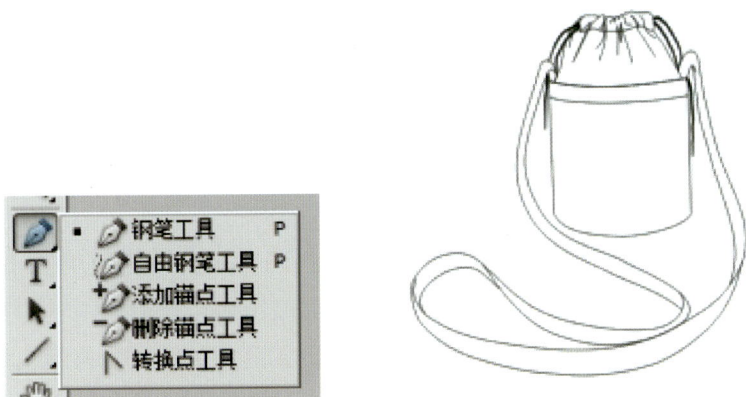

图 5-3-2　钢笔工具组绘制线稿

②在Photoshop中，打开土家织锦图案的图片文件（可以是手绘图拍照或计算机绘制的图案），移动工具点击土家织锦图案文件，拖到包饰效果图文件后生成新图层。编辑菜单下变换中的变形，调整土家织锦图案，使其符合圆柱透视关系，贴在包体上（图5-3-3）。

图 5-3-3　图案填充过程

③用魔棒工具或快速选择工具，选择线描图层中的包身与织锦拼接的上部区域，新建图层位于织锦图案图层下一层，填充黑色，用Ctrl+D取消选区。用同样的方法，线描图层按Shift多选填色区域，再新建图层后进行填色，最后给包带填色（图5-3-4）。

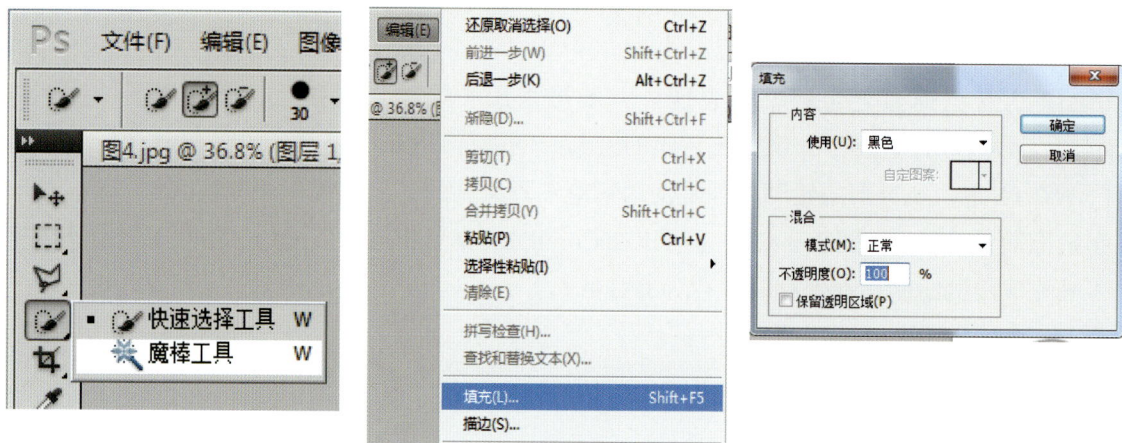

图 5-3-4　包体其他区域填充

④包效果图的明暗关系表现，更能表现包的真实效果。一般采用加深减淡工具组，对每一图层的画面进行明暗处理；也可以用画笔工具选择暗面用色和亮面用色，调好画笔大小、不透明度和流量，一笔笔对明暗细节进行刻画；也可以用多边行套索工具勾绘出要加深或减淡的区域，用渐变与填充工具组进行明暗处填色，为了黑白灰面过渡自然，可以采用模糊锐化工具组处理（图5-3-5）。

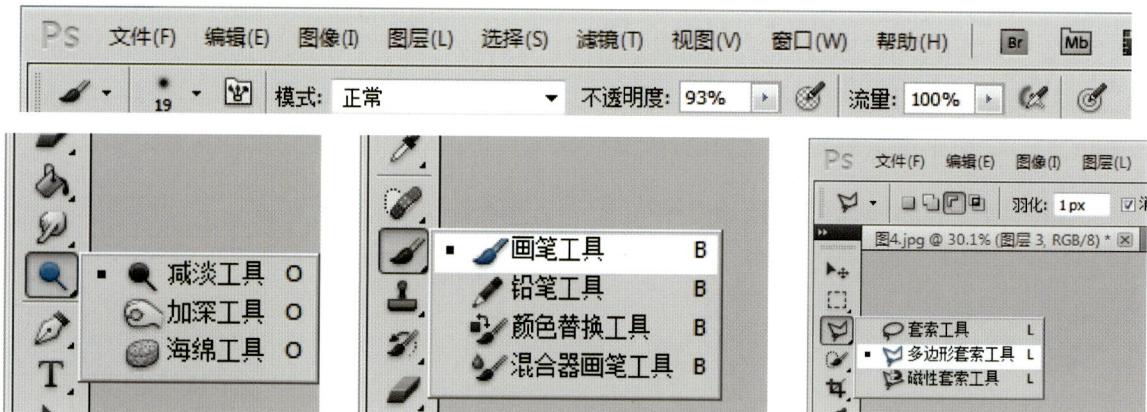

图 5-3-5　包体明暗效果表现工具使用

⑤包体阴影绘制，新建阴影层用多边行套索工具勾绘出阴影的区域，用渐变工具修改前景色灰色和背景色白色，用渐变编辑器调整好渐变效果，按鼠标左键拉出渐变范围线条，对其进行填充（图5-3-6）。

（4）按效果图进行土家织锦织造和产品制图。此包体上的土家织锦传统纹样岩墙花为平纹对斜组织结构，采用平纹对斜方法进行织造，按图案设计时绘制的工艺意匠图进行挑花。

图 5-3-6 包体阴影绘制

土家织锦包制作流程如下：

①款式分析。圆筒底、包身拼接土家织锦片，袋口抽绳收口，织锦与布料拼接处有挎包带，包内有里布。

②规格尺寸。圆周长 = 包身长 =42cm；包高 24cm；包袋长 120cm，宽 2.5cm；土家织锦片宽 16cm，长 42cm。

③结构制图。如图 5-3-7 所示。

④放缝份。除了袋口和织锦上口放缝 3 ~ 4cm，其他地方都放缝 1cm。

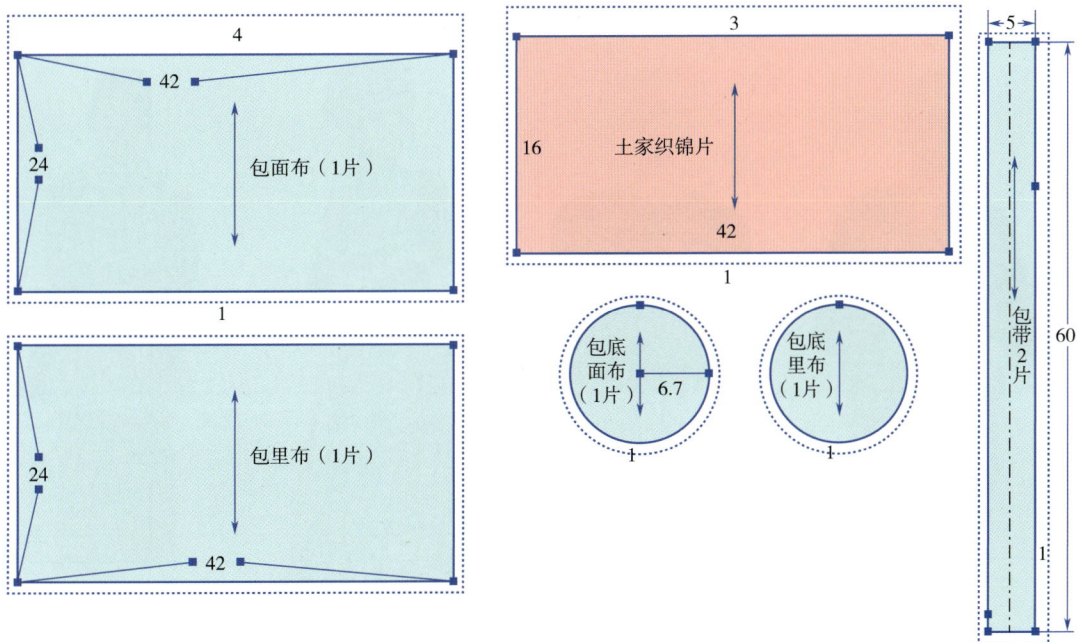

图 5-3-7 土家织锦圆筒布艺包结构制图

（5）裁剪和缝制产品。按照纸样对面料、里料进行裁剪，然后参考资源库中的微视频操作示范进行缝制。图5-3-8所示为土家织锦圆筒布艺包的裁剪和制作成品图。

图 5-3-8　土家织锦圆筒布艺包的裁剪和制作成品图

2. 土家织锦应用于服饰

传统工艺的时尚转化，主要是运用传统技艺再创新，选用现代特殊材料并制作出有特色的图案，运用于不同类型的服饰中，以材料的运用为主，用传统技艺制作的服装服饰品，有别于批量生产的产品，可以满足个性化需求，具有独特的样式。设计时，要将面料与风格、舒适度结合起来考虑，才能体现出传统技艺的美。土家织锦应用于服饰品，通常有两种：一种是土家织锦图案运用于不同类型的服饰中，采用镶嵌拼接工艺作为装饰；另一种是运用土家织锦织造工艺对服装面料组织结构、质地、肌理进行创新，镂空和花色纬线的运用，使服装整体具有工艺设计感（图5-3-9、图5-3-10）。

图 5-3-9　土家织锦用于服装

图5-3-10　土家织锦用于时装的设计效果图（黄云设计）

二、土家织锦家居饰品设计

在家居设计中，基于传统文化的传承与创新，既契合中式含蓄内敛的设计精髓，又彰显出浓郁的现代气息。

1.土家织锦应用于家居饰品

图5-3-11所示为家居布艺六件套，设计灵感来源于古朴的土家织锦纹样。土家织锦传统图案——大秤钩花、蝴蝶花以菱形排列组合，具有民族特色，结合传统的手工艺设计与制作，既有家居的实用性和观赏性，又有很强的设计感。款式设计简约、大方、温和，采用纯棉线与纯棉灰色面料结合，柔软，亲肤，让使用者感觉温暖。

图5-3-11　土家织锦应用于家居饰品（一）（张映红、石丽合作作品）

土家织锦应用于家居设计，既要考虑舒适性、实用性，又要考虑装饰艺术性，在制作工艺上不仅要熟悉土家织锦制作工艺，还需根据结构尺寸合理设计规格，再将其与不同材质的面料相结合，给其一种全新的生命力。设计中提取单个图案作为基本元素，结合流行的布艺面料，既体现了浓厚的民族韵味，又完整地展示了传统图案的装饰性和艺术性。如图 5-3-12、图 5-3-13 所示。

图 5-3-12　土家织锦应用于家居饰品（二）（曹雅洁作品）

图 5-3-13　土家织锦应用于家居饰品（三）（翟微作品）

2. 土家织锦应用于床品

图 5-3-14 所示作品，设计纹样采用传统土家织锦岩墙花为基本花型设计变化而来，应用于枕头和床旗。采用花色棉线和纯棉红色面料结合，体现出传统工艺与现代设计相结合的时尚理念。产品具有民族特色，体现了土家织锦的工艺特点，既有实用性，又有观赏性。

图 5-3-14　土家织锦应用于床品（吴春喜作品）

三、土家织锦元素应用于其他设计

土家织锦丰富的文化元素与现代材质进行巧妙融合，能展示出传统文化在现代生活中的独特魅力。将现代设计与土家织锦元素相结合，依托湘西地区的文化特色和旅游优势，突出土家织锦产品的文化性，深度挖掘土家织锦文创产品的文化内涵，提升人们对土家织锦的认同感和归属感，进而传承非遗文化。

1. 土家织锦纹样在平面设计中的应用

近年来，在湘西地区，西兰卡普（土家织锦）元素广泛应用于建筑设计中，如广场的雕塑、室内外的装饰，招贴海报上也有广泛采用。

在湘西的出租车身上，喷绘了"四十八勾"的蓝白纹样，具有浓郁的湘西土家族民族特色。在一些商店的招贴广告中，也大量使用西兰卡普元素。在这种具有民族特色的文化氛围中，大大增强了湘西土家族、苗族的民族认同感和民族自豪感。如图5-3-15、图5-3-16所示。

图5-3-15　土家织锦元素应用在出租车和建筑上

图5-3-16　土家织锦元素应用室内装潢上

2.土家织锦纹样在包装设计中的应用

产品的最终目的是销售到客户手中，想要增加产品的销售机会，不仅要产品本身的质量过硬，还应该有一个能够吸引消费者的包装，同时也能提升产品的价值。产品的包装设计能够吸引到消费者的注意力，提高消费者的购买欲望，增加销售成功的概率。包装不仅有保护商品的作用，还有其他多种功能，如宣传产品、美化商品、给消费者带来附加利益、提高商品价值、保护环境。因此，好的产品促进包装发展，好的包装又推动产品销售，两者紧密相连。

将土家织锦元素应用于包装设计，既能提升商品的竞争力，又能创造商品的附加价值。精美的包装设计，也推动了土家织锦的宣传、推广和应用。如图5-3-17所示。

图5-3-17　土家织锦元素应用在包装设计中

◎ 工作任务实施

工作任务3　土家织锦产品实施与制作

学生工作手册

➤ **工作情景描述**

土家织锦工艺品的工艺水平与质量和价格直接相关。在设计与制作旅游工艺品的过程中，技艺和材料的运用都是工艺水平的体现。同学们要想把设计的土家织锦产品从构想变为成品，就需要具备实施和制作的实践能力，通过整个操作流程，可以体会土家织锦技艺之美。

➤ **学习目标**

1.素质目标

（1）培养学生精益求精的工匠精神和融通意识。

（2）树立正确的质量观，培养职业精神。

2.知识目标

（1）掌握土家织锦织造技艺及土家纺锦产品制作工艺的相关知识。

（2）掌握土家织锦产品织造和制作工艺实操要领。

3.能力目标

（1）能绘制土家织锦工艺意匠图和织造土家织锦。

（2）能掌握土家织锦产品的制作工艺，并指导完成产品。

➤ **建议课时**

17课时

➤ **工作流程与活动**

工作活动1：任务确定（课前自学）。

工作活动2：实施方案制定（1课时）。

工作活动3：土家织锦产品制作（16课时）。

工作活动4：工作任务评价与总结。

工作活动5：课后拓展。

工作活动1　任务确定

一、活动思考

思考1：不同类型的土家织锦产品，其制作流程是怎样的？

思考2：如何使土家织锦的设计稿与产品的织造工艺和制作工艺达到一致？

二、思想提升

从《庄子·养生主》中的《庖丁解牛》可悟出什么样的道理？娴熟的技巧来自不断的坚持和努力，更可贵的是，经过反复的实践，人们不仅练就了高超的技艺，还掌握了事物的客观规律。

三、工作任务确立

1. 了解土家织锦产品设计过程中涉及的相关工艺，掌握不同材料和不同产品载体采用的工艺技术。

2. 合理规划产品实施计划，计划越详细周密越能减少问题出现，对产品实施过程中可能出现的问题提前预估，并做好相应处理。

3. 实施环节安排好时间和具体内容，预留出相对充裕的时间来修改产品。

4. 做好人力、物力和资金预备，请专业人士进行技术指导，必要时候能够解决一些问题。

5. 如果要推翻前期计划重新制定实施方案，要重新评估时间和技术方案等，要有清晰的判断。

工作活动 2 实施方案制定

一、活动实施

活动步骤	活动要求	活动安排	活动记录
第一步 方案准备	看微课，学习土家织锦产品设计 知识链接： 服饰产品设计　家具饰品设计　其他设计	具体活动：确定实施目标、组织与进度安排	记录微课学习的知识点，通过查阅、咨询和思考，确定大体的实施方案
第二步 实施方案制定	文案撰写规范 1.实施目标 2.组织与进度安排 3.实施步骤和方法 4.技术路线、工具设备、材料与预算	具体活动：撰写设计文案	记录实施过程中可能遇到的问题和注意事项

二、活动评价

一级 指标	二级 指标	评价内容	权重	自评	互评	教师评
工作 能力 （30分）	思维 能力	能够从不同角度提出问题，并考虑解决问题的方法	1			
	自学 能力	能够通过自己已有的知识经验独立获取新的知识信息，能够通过自己的感知正确地理解新知识	4			
	实践操 作能力	能够根据获取的知识完成工作任务，能够规范、严谨地撰写设计文案	12			
	创新 能力	在小组讨论中能够与他人交流自己的想法，敢于标新立异；能够跳出固有的课内课外的知识，提出创新性见解	5			
	表达 能力	把设计和实施方案内容梳理清楚，能够正确组织和实施方案的内容	5			
	合作 能力	能够为小组提供信息，质疑、归类和检验，提出建议并阐明观点	3			
学习 策略 （20分）	学习 方法	根据本次任务实际情况对自己的学习方法进行调整和修改	10			
	自我 调控	能够根据本次任务正确地运用学习方法，有效利用学习资源	10			
作品 得分 （50分）	职业岗 位能力	实施方案的规范性，客户的满意度	50			
总评						

工作活动3　土家织锦产品制作

一、活动实施

活动步骤	活动要求	活动安排	活动记录
第一步 土家织锦 织造	根据土家织锦图案绘制工艺意匠图，进行土家织锦图案的织造	具体活动： 土家织锦织造	土家织锦图案工艺意匠图上格数的标注

活动步骤	活动要求	活动安排	活动记录
第二步 产品裁剪	将织好的图案加上预留的缝量，根据产品结构进行制图和裁剪，对裁片进行熨烫、粘衬等定型处理	具体活动： 土家织锦结构制图和裁剪	产品结构制图的过程中标注数据和要点
第三步 产品制作	根据设计产品的工艺特点进行制作	具体活动： 土家织锦产品制作	对产品制作流程的梳理和技术要点记录

二、活动评价

一级指标	二级指标	评价内容	权重	自评	互评	教师评
学习过程 （60分）	思维能力	能够正确评估产品实施制作过程中存在的问题，并提出解决方法	10			
	自学能力	能够在规定时间内通过自学线上资源，完成自测	10			
	实践操作能力	能够协作完成实施方案内容，完成土家织锦产品制作	10			
	创新能力	在实施过程中能够与他人交流自己的想法，敢于尝试新材料和新工艺	10			
	表达能力	能够分享自己组的方案，讲解产品设计理念和实施工艺的制作步骤	10			
	合作能力	能够和小组中其他组员合作，修改完成实施方案并完成产品制作	10			
作品得分 （40分）	职业岗位能力	产品成品	20			
		客户的满意度	20			
总评						

工作活动4　工作任务评价与总结

一、评价

指标	评价内容	权重	自评	互评	教师评	企业评
工作活动探学（45分）	线上讨论情况	15				
	线上视频观看情况	15				
	线上自测题完成情况	15				
课中任务（40分）	土家织锦工艺意匠图	15				
	土家织锦产品制作成品	25				
课后拓展（15分）	企业满意度	15				

二、总结

方案制定能力	进步	
	欠缺	
方案汇报能力	进步	
	欠缺	
意匠图绘制能力	进步	
	欠缺	
土家织锦产品制作能力	进步	
	欠缺	
改进措施		

工作活动5　课后拓展

案例实践步骤如下。

1.构思

以土家织锦产品设计为主题，确定设计方向。从设计什么、怎么设计，到问题分析，最后确定目标。对市场进行调查并进行资料收集，了解消费群体的需求及同类产品的市场情况，对设计进行定位。

2.画设计草图

设计构思视觉表达，将产品造型的设计草图（图5-3-18）、纹样图案、色彩、材料等初步具体化。

3.计算机绘制效果图

将设计方案优化，进行筛选、比较移植、可能性研究，确定并完成效果图绘制。

款式设计一：土家织锦茶旗（图5-3-19），茶旗可增进家庭氛围的仪式感，使空间氛围更具风情，感受浓郁的文化内涵和独特的装饰美感。土家织锦图案的强烈艺术性与素灰色拼接搭配，材料运用考究，突出质感。方长的旗身和弧线设计的旗头，使茶旗与家具相呼应，主次分明，动静结合，相得益彰。

图5-3-18　土家织锦家居设计草图

图5-3-19　土家织锦茶旗效果图

款式设计二：土家织锦坐垫，土家织锦坐垫不仅具有舒适型，更具装饰性。在中国传统美学中非常讲究"神"的表达，土家织锦和中式家具形神的统一，虚实的协调，既生于意外，又蕴于象内。土家织锦花色图案的设计，起到了画龙点睛的作用，简洁大气，符合现代新中式设计理念。

款式设计三：土家织锦靠枕（图5-3-20），弧形分割加入滚边勾勒，与吊穗搭配，精致灵动。"形"的借鉴与提取，提取单个的图案作为最基本的元素，运用二方连续或四方连续的设计方式，结合当下流行的土家织锦面料，体现出浓郁的民族韵味，完整地展示了传统图案的装饰性和艺术性。

款式设计四：土家织锦扶枕（图5-3-21），取其"形"而不受制于"形"。减弱堆砌的环节，减少细节上的描绘，推崇"少即是多"的原则。方正的形态保留中式风格的严谨，在视觉中轴上用土家织锦纹样作为点缀，与系列产品统一协调，相辅相成。

图5-3-20　土家织锦靠枕效果图

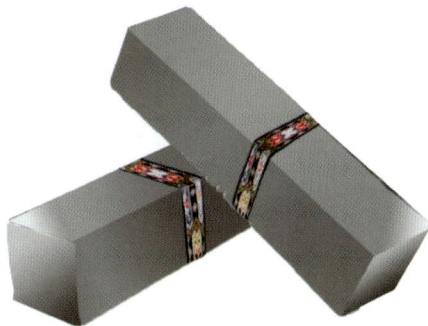

图5-3-21　土家织锦扶枕效果图

4.按设计稿制作成品

（1）绘制产品结构图。

产品结构设计→产品规格尺寸设计→产品纸样绘制

图5-3-22所示为土家织锦家居产品纸样图。

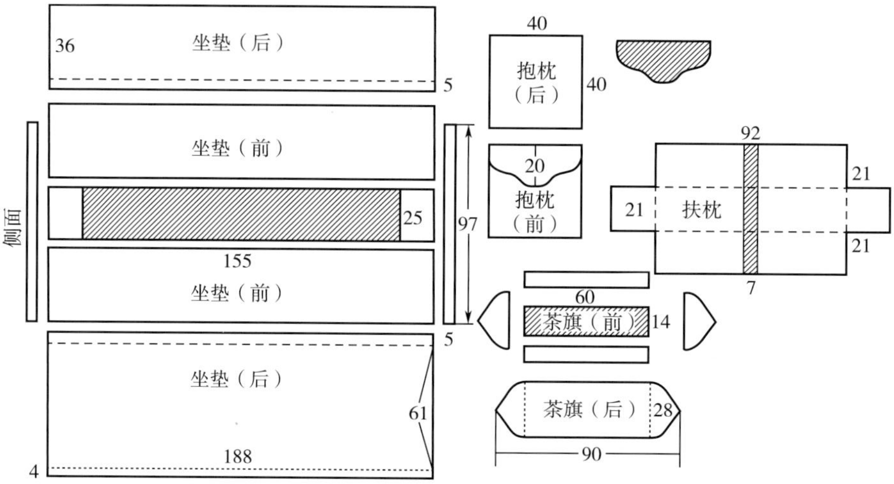

图5-3-22　土家织锦家居产品纸样图

（2）土家织锦织造。按照土家织锦图案的工艺意匠图，根据织造流程完成素色平纹织锦和斜纹图案的织造，注意用于拼接的规格。

（3）产品裁剪。将面料按要求裁剪成可供缝制的裁片，在实际操作中，裁剪质量、准确性及进度直接影响着成品制作的质量及整个计划的实施进度。具体流程如下：

裁剪准备→铺料排料→画样→裁剪→验片→捆扎。

（4）产品制作。根据款式特点合理规划制作流程，操作工序如下：

锁边→包棉条滚边→拼缝分割→大片合缝→装拉链。

工艺要求：针距止口统一均匀，线路针距一致，拼接对位整齐左右一致，压明线均匀回针牢固，棉线滚边缝头均匀宽窄统一。

（5）产品熨烫。对成品进行整理，对布料进行热湿定型处理。烫平褶皱，使外观平整，线条挺直，熨烫质量的好坏直接影响成品的质量。

模块6

土家织锦作品赏析

◎ 工作任务导入

工作任务书	
任务	任务1：通过赏析土家织锦作品，了解土家织锦作品的文化内涵和艺术特点，掌握土家织锦传统纹样的类别，完成土家织锦传统作品赏析文案 任务2：通过赏析土家织锦作品，了解土家织锦作品的设计思想和创新特点，掌握土家织锦现代作品的创新流派，完成土家织锦现代作品赏析文案
企业行业要求	本项目要求掌握土家织锦作品赏析相关知识，并运用所学知识进行土家织锦作品赏析和文案撰写
任务要求	本项目有2个任务要求，具体如下： 任务要求1：通过赏析传统土家织锦作品，了解传统土家织锦作品的文化内涵和艺术特点，完成土家织锦传统作品赏析文案的写作 任务要求2：通过赏析现代土家织锦作品，了解现代土家织锦作品的设计思想和创新特点，掌握土家织锦现代作品中创新创意思想，完成现代土家织锦作品赏析文案的写作 任务形式：撰写土家织锦传统作品和现代作品赏析文案 建议学时：2课时
工作标准	工艺染织制作工（土家织锦）职业（工种）初级 1.具备土家织锦作品欣赏能力 2.熟悉土家织锦标准与规范 3.掌握土家织锦作品评价与评判的知识和方法 对接方式：掌握土家织锦传统作品和现代作品赏析和文案撰写

◎ 小组协作与分工

课前：请同学们按照异质分组原则分组，协作完成工作任务，并在下面表格中写出小组内每位同学的专业特长与学习情况。

组名	成员姓名	专业特长	学习情况

◎ **知识导入**

问题1：怎样赏析土家织锦作品？

问题2：土家织锦传统纹样作品和现代设计作品赏析时有什么不同？

问题3：从哪些方面分析土家织锦作品的表现形式？

◎ **知识准备**

知识点1　土家织锦传统纹样赏析

一、勾纹图案

在土家织锦丰富庞大的纹饰体系中，勾纹图案是最具有代表性的几何纹样。如单八勾、双八勾、盘盘八勾、十二勾、箱子子八勾、二十四勾、四十八勾等。勾纹图案勾勾相连，层层递进，其中"四十八勾"以其形意的生动性和织造工艺的复杂性，成为土家族文化的象征，在土家织锦中流传着一句民谣："四十八勾名堂大，最难岩墙椅子花。"

"四十八勾"（图6-1-1）以八勾为中心，围绕其呈扁六边形（菱形）分多层逐层展开，有静有动，向四周呈放射状。这些勾纹每一层图与地相互映衬，勾勾相应，路路相通。每勾的大小粗细、长短和弧度均相同，呈现工整划一的节奏和韵律，犹如千手观音，体现出一种生命的张力。"四十八勾"由中心向四周发散的形象，犹如太阳的光芒。在历代土家族先民的祭祀活动中，在盛大的土家族摆手堂的摆手舞中，"四十八勾"一直是挂置在最珍贵的大堂中央位置上，受历代土家先民顶礼膜拜。

在农耕时代，太阳象征光明、正气、吉祥、生命之源、生生不息。湘西土家先民崇拜太阳，以农历六月初六为太阳的生辰，这一天，土司王要召集各寨舍巴（头人），祭起香案，摆上供品，举行隆重的仪式，祭拜太阳神。普通土家人家，家家户户焚香烧纸，祭拜太阳。人们唱颂太阳的功绩，祈求太阳神保佑人间风调雨顺、五谷丰登、人丁兴旺。

叶水云在设计勾纹图案时，会使画面呈现出不同的色调。如有的以冷色为主，有的以暖色为主，有的则以中性色为主，有的为浅绿、浅紫，有的则是米黄，有的用咖啡色，有的平均用色，有的突出中心图案。图6-1-2所示的

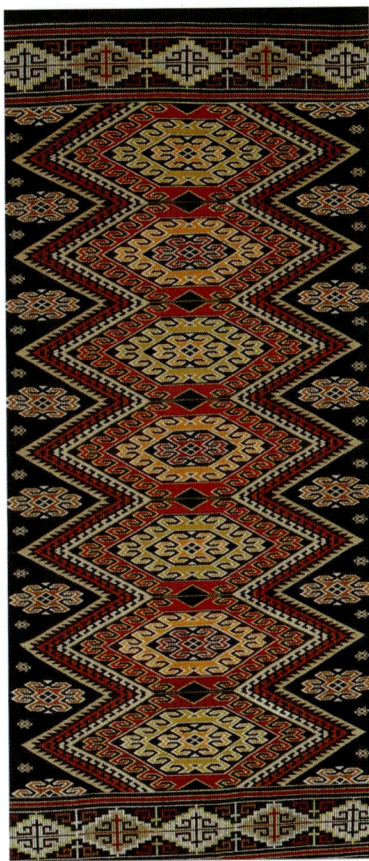

图6-1-1　四十八勾（叶水云作品）

图6-1-2　二十四勾（叶水云作品）

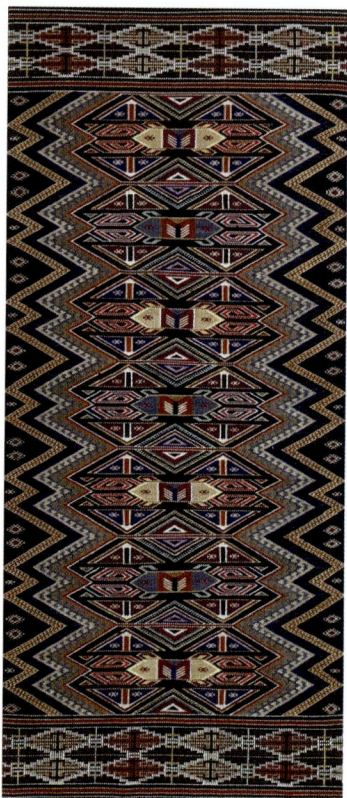

图6-1-3　鸡盒子花（叶水云作品）

"二十四勾"图案，以深蓝色为地，中间的勾纹用蓝灰色、土红和咖啡色逐层铺开，周围以浅灰色勾边与中心主纹样形成呼应，使画面呈现出既沉稳内敛，又不失清新雅致的效果。

叶水云对土家织锦的最大贡献在于她改进了传统的色彩配色方法，使土家织锦焕发出新的艺术活力，大大提升了湘西土家织锦在国际国内的影响力。纵观叶水云的土家织锦作品，她摒弃了土家织锦原有的高纯度和补色的强烈对比的色彩范式，在一件织锦中以一个色系为主，大量运用间色和复色（即灰色）以及同类色和近似色，将色彩的对比度控制在一定范围内，更多地体现调和与统一。所以，她的作品具有清新、富丽高贵、隽永含蓄的色彩效果，给人以粗犷中有细节、大气中显精巧的视觉效果。

二、动物类图案

1. 鸡盒子花

图6-1-3所示为土家织锦纹样"鸡盒子花"。鸡的胃，中药叫"鸡内金"，鸡胃晒干以后，呈现出一种金黄色多条纹状重纹交叉变化的肌理效果，土家妇女用抽象变化的艺术手法，根据此肌理效果创作出一幅色彩变化无穷、多种纹样组合的经典土家织锦纹样。

此幅织锦作品采用湘西古法草木染工艺、植物染料，经手工染色而成。色彩温润柔和、古朴、典雅而高贵。图案配色既有土家织锦传统的强烈对比，又有冷暖协调和退晕的色彩，故色彩丰富、浑然天成。此幅织锦作品在2018年深圳国际艺术博览会上荣获金奖。

纹样组合中，有"小狗牙齿""双狗牙齿""锯齿纹""小韭菜花"和"大韭菜花"，在主体图案中，有表现鸡胃部肌理的多种三角形纹样组合，色彩变化丰富，配色采用传统的对比色、现代的冷暖调配色、传统土家织锦的退晕法等。

"鸡盒子花"织锦，是一件非常经典的传世之作，代表了湘西土家织锦极高的艺术水准。

2. 阳雀花

湖南湘西的土家族是一个崇尚农耕文化的民族，每当春暖花开的季节，湘西山林里就会传来杜鹃鸟"归归阳"的叫声，人们知道，这是告诉大家种阳春的季节到了，催促大家该播种秧谷了，季节不等人。为了感谢杜鹃鸟年复一年地辛勤提醒，土家织锦艺人就创作了阳雀花图案，把阳雀鸟视为吉祥鸟。

阳雀花纹样是土家织锦中独特的造型纹样经过叶水云的再次配色创作，呈现出更高的艺术水准。图6-1-4所示的织锦，以深毛蓝真丝为地，在配色方法上，既采用土家织锦传统的色彩对比，也采用了现代由冷到暖的和谐用色，并且使用灰色系列，使整个作品和谐统一。

该织锦作品在2018年由中国工艺美术协会举办的"温州工投杯"工艺美术创新大奖设计大奖赛中荣获金奖。

3.马毕花

马毕在土家语中是"小马"的意思，马毕花将小马用几何图案归纳作为主体纹样。

图6-1-5所示的土家织锦中，采用色彩对比强烈的"红马"和"黑马"，也有冷暖色调的紫色和土红色，以及灰色调的蓝色和灰色。整个锦面色彩较深，从而突出了鲜亮的"马毕花"纹样，色彩丰富而又和谐统一。

4.珍兽图

图6-1-6所示的图案由吉祥纹样仙鹤、梅花鹿、麒麟、牡丹、祥云等组成，都是土家族的吉祥之物，象征着人们对美好幸福生活的向往，寄托着人们的美好愿望。珍兽图用色和谐统一，而又突出主体，深色的底色突出了主体吉祥物，作为点缀的小纹样颜色又有一点小变化，从而丰富了整个画面的色调。档头采用比较少见的"鱼骨纹"，特征突出，也是土家族

图6-1-4　阳雀花（叶水云作品）　　图6-1-5　马毕（叶水云作品）　　图6-1-6　珍兽图（叶水云作品）

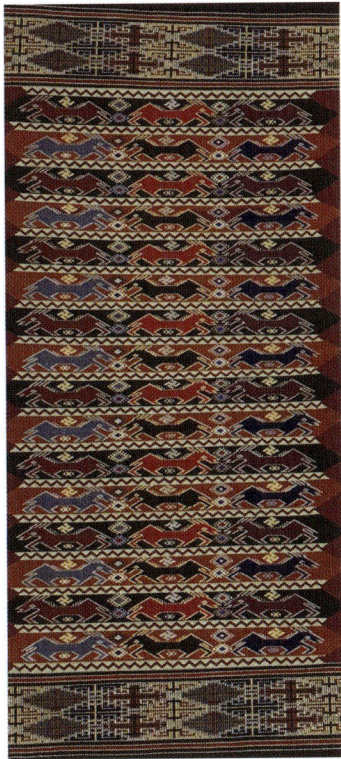

先民农耕渔猎生活的缩影。

三、植物类图案

1. 牡丹花

牡丹花雍容华贵，国色天香象征着兴旺发达、富贵吉祥，寄托着人们对美好生活的憧憬和祝福。

图6-1-7所示的牡丹花是土家族受汉族文化影响的题材，经过土家妇女的艺术变形和技术处理挑织而成。构图中采用浪漫主义的概括、变形、夸张等手法，巧妙地将牡丹纹样的特点有机地结合，使整幅图案既有写实的牡丹花，又具有鲜明的民族特色，凝结了世代土家人的创作智慧。

图中牡丹花的颜色有大红和粉色、黑色等，花形饱满，有枝叶陪衬，显得枝繁叶茂，生机勃勃。用群青做底色，使整幅织锦画面清新、生动。寓意土家族人民向往祥和富贵的美好生活和国泰民安之意。

2. 玫瑰花

玫瑰花是人们生活中常见的花。图6-1-8所示的玫瑰花纹样，从结构上看，属于名存形意的构图方式，设色典雅。玫瑰花为作品的中心，用几何图形中的菱形来表现，花瓣外围配有多层单狗牙齿纹、锯齿纹、龙牙齿纹等。寓意土家族人民热爱自然，对幸福自由、安康愉悦的生活的向往。

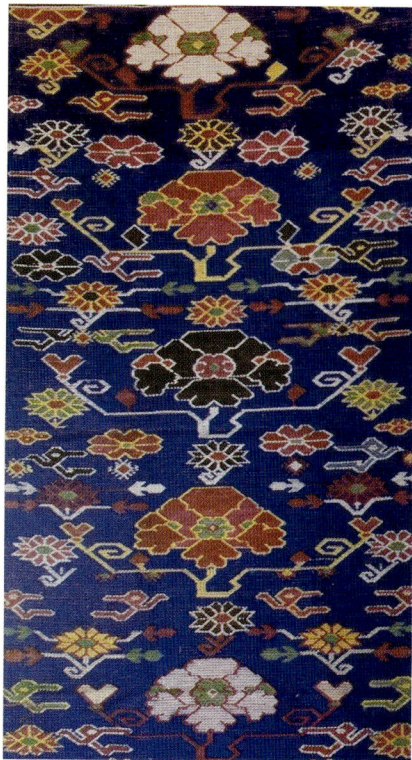

图6-1-7　牡丹花

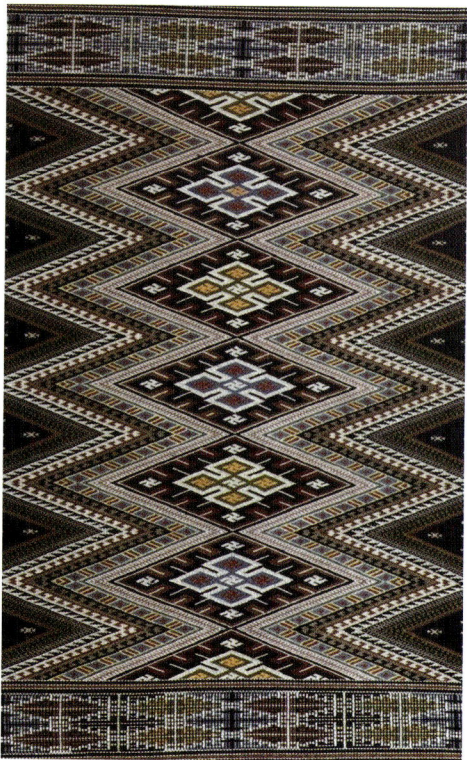

图6-1-8　玫瑰花（叶水云作品）

3.梭罗花

在土家族的神话传说中，月宫里的桂花树为"梭罗花"。土家谚语云："梭罗树，梭罗丫，梭罗树上结桂花"。

图6-1-9所示的梭罗花纹样的主体为抽象的几何图形，几何图形里面的花朵为抽象的桂花，菱形里面连接花朵的部分代表树枝、树丫，整个图案造型逼真，主体突出，构图精致，色彩雅致，底色用暖褐色，花朵用土红、中黄、淡黄相间。梭罗丫台与台之间用黑色，更加突出里面的花纹。左右两边的"卍"字纹、单狗牙齿、双狗牙齿、龙牙齿的纹饰全部用来装饰菱形的梭罗树。

图6-1-9　梭罗花（叶水云作品）

四、生产生活类图案

1.豆腐架子

豆腐架子是农家用来加工豆腐的工具，"豆腐架子"纹样则取其抽象化、平面化的外形，形象地展示了农家的豆腐架子。图6-1-10所示的图案生动地展示了豆腐架子的外形，每一台"豆腐架子"之间都用藤藤花隔开，在色彩上运用对比色，深色底，浅色花，清晰地呈现豆腐架子的画面，体现出土家族妇女朴实而丰富的想象和创作能力，以及对幸福生活的向往和歌颂。

2.铜钱花

图6-1-11所示的铜钱花纹样，其造型基本按照铜钱的外形来创作，在构图上采用斜式排列，铜钱外形统一用白色组合，铜钱里面的花纹颜色不多，充分表达了土家族妇女高超的设计能力。

3.小秤钩花

图6-1-12所示小秤钩花纹样，取"秤钩"作为一个元素，对其美化设计，表现出土家妇女丰富的想象力和杰出的创作能力，图案高度概括"秤钩"的形体，"秤钩"与"秤钩"之间采用台的构图形式，"秤钩"旁边用"韭菜花"和小双狗牙齿纹隔开，使整个纹样显得不是很拥挤，大小纹样搭配得当，用色也显得活泼可爱。

图6-1-10　豆腐架子

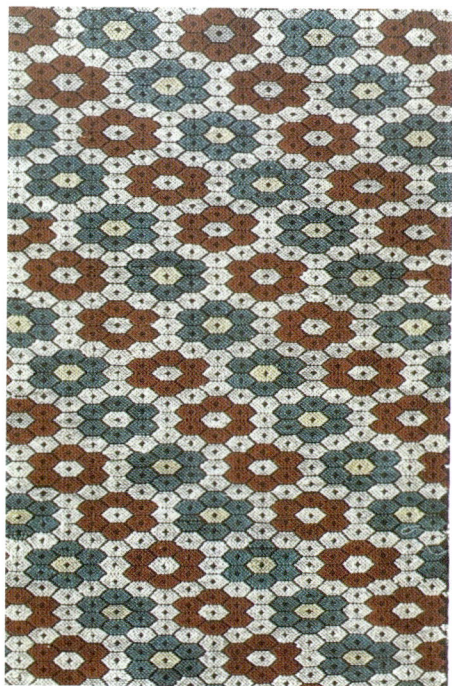

图6-1-11　铜钱花

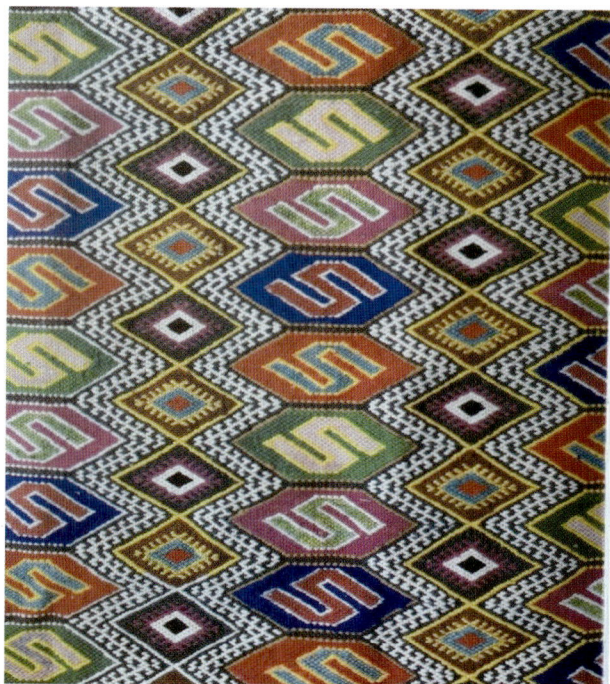

图6-1-12　小秤钩花

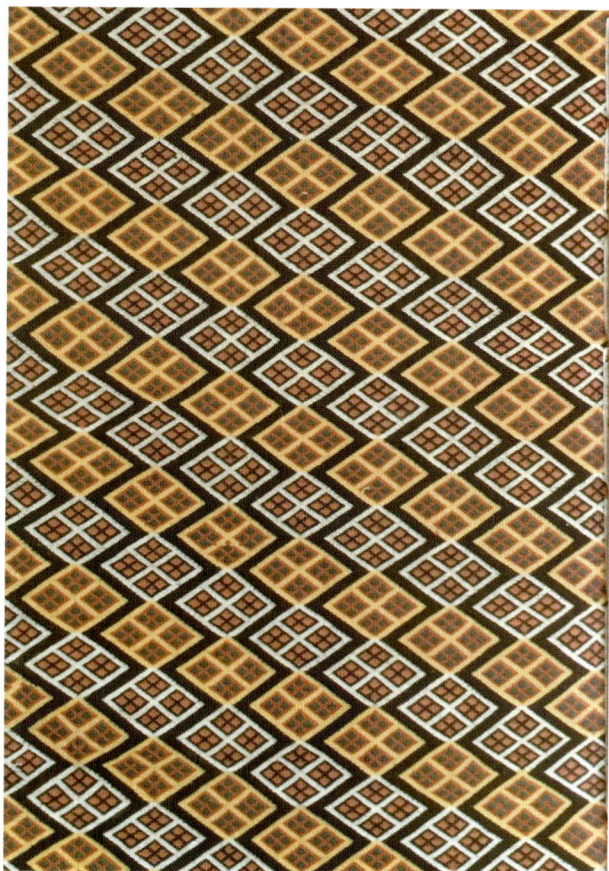

图6-1-13　田字花（叶水云作品）

五、天象地属类图案

1.田字花（千丘田）

土家谚语："千丘田，万丘田，丘丘都相连。"在农耕时代，田地是农民的命根子。图6-1-13所示田字花采用的正是民间流传的"千丘田，万丘田，丘丘都相连"的构图方式，在色彩上用色形象，展示出一望无际的田野上到处都是金灿灿的稻谷，一派丰收的景象。

2.田字莲花纹

图6-1-14所示田字莲花纹是在水田中栽种藕生莲花之景。也是土家族妇女美化生活、心灵手巧的见证。田字莲花纹构图巧妙，整个莲花用田字包围，莲花本身也是用田字组成，莲花的盘子周围采用田字花纹跟随盘子推移，再用单狗牙齿纹做装饰，构图完美，色彩用上群青色表现盘子，用黑色做底，色彩丰富、靓丽，同时也采用色彩的退晕手法。

3.满天星

"满天星"是土家织锦中表现天象类型的纹样。图6-1-15所示的"满天星"是一幅传统古老的织锦，材料是全棉，用色采用黑白相间，色彩古朴统一，正好与满天的星星匹配，这也是土家织锦用色的大气之处。

图6-1-14　田字莲花纹

图6-1-15　满天星

六、吉祥喜庆类图案

1.龙凤人马纹

图6-1-16所示的龙凤人马纹织锦，构图非常大胆，奇特、纹样又非常丰富。整幅锦面以大红为底，龙凤用金黄色织就，显得喜庆而吉祥，简洁而又威严的龙纹居于凤纹之上，并夸大了它的头部及牙齿，凤纹居于龙纹下，显得美丽端正，祥和并富丽堂皇，下面两个土家先民骑马而行，表现出他们在龙凤的护佑下幸福平安，吉祥如意。

2.四凤抬印

图6-1-17所示的"四凤抬印"是湘西土司王统治时期的题材，四只凤凰，抬着一颗土司王的印章，在空中飞翔。湘西土司制度统治的八百年间，虽然偏僻贫穷，

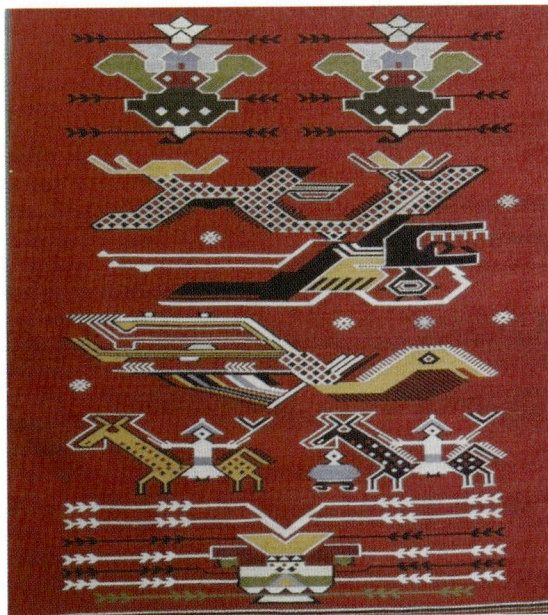

图6-1-16　龙凤人马纹（叶水云作品）

但相对而言，战争较少，相对较稳定，人们能够安贫乐道，故当时对土司王的统治也会有一些题材反映，表现出人们对安定生活的向往。

3. 土家迎亲图

图6-1-18所示的土家迎亲图反映土家族的迎亲场面，构图简洁，人物造型天真烂漫，朴实生动。纹样以大红为底色，喜庆而热烈，新郎骑马而行，兴高采烈，新娘、媒人、伴娘乘坐花轿；随行有各种嫁妆，显得隆重而热烈，是土家族迎亲的真实写照。

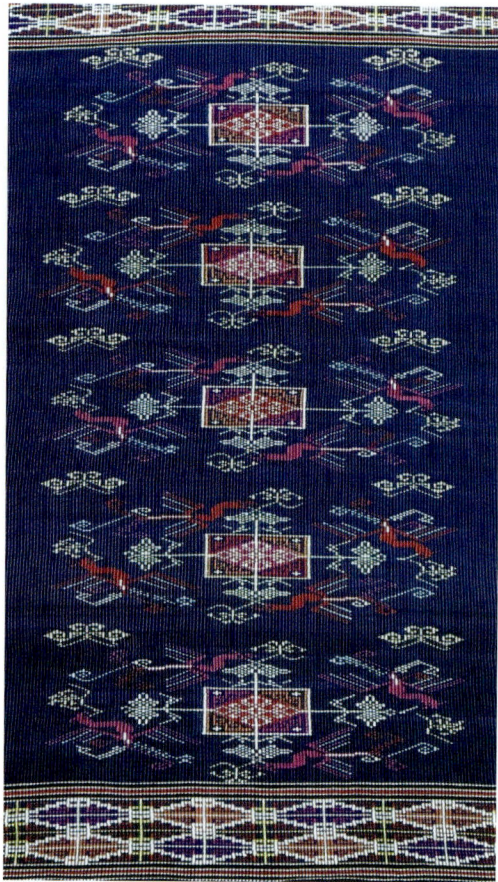

图6-1-17　四凤抬印（叶水云作品）　　　　图6-1-18　土家迎亲图（叶水云作品）

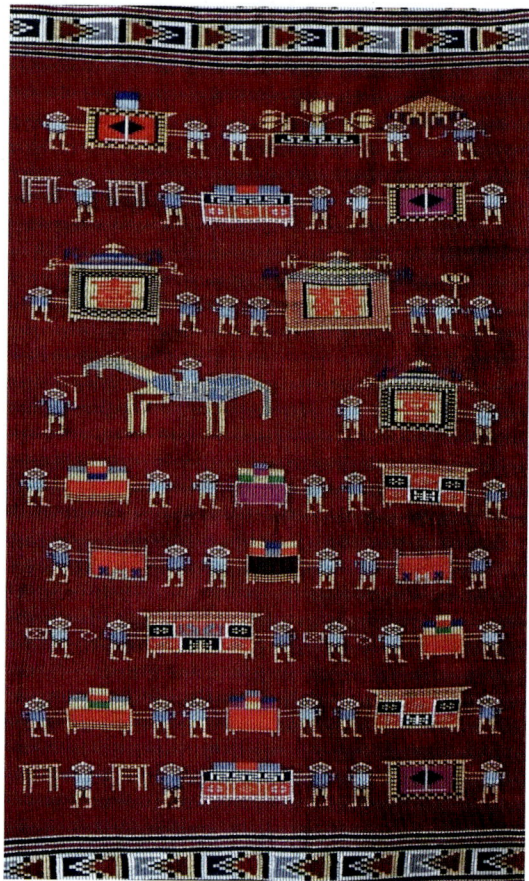

七、文字类图案

1. 一品当朝

"一品当朝"纹样显然是受到了汉文化的影响。如图6-1-19所示以"一品当朝"为主体文字，用"富贵双全、金玉满堂、松柏同年、寿比南山、长生不老、福如东海"六句吉祥语围绕，体现出中国人忠君爱国、祈求富贵、健康长寿的传统价值观念。

2. 长命富贵

"长命富贵"图案（图6-1-20）是移植土家族数纱绣纹样再进行重组重构，用黑底红花系列手法配色，纹饰为银饰胸挂吊坠，将"长命富贵"文字镶嵌在银饰的百家锁上，吊坠上配

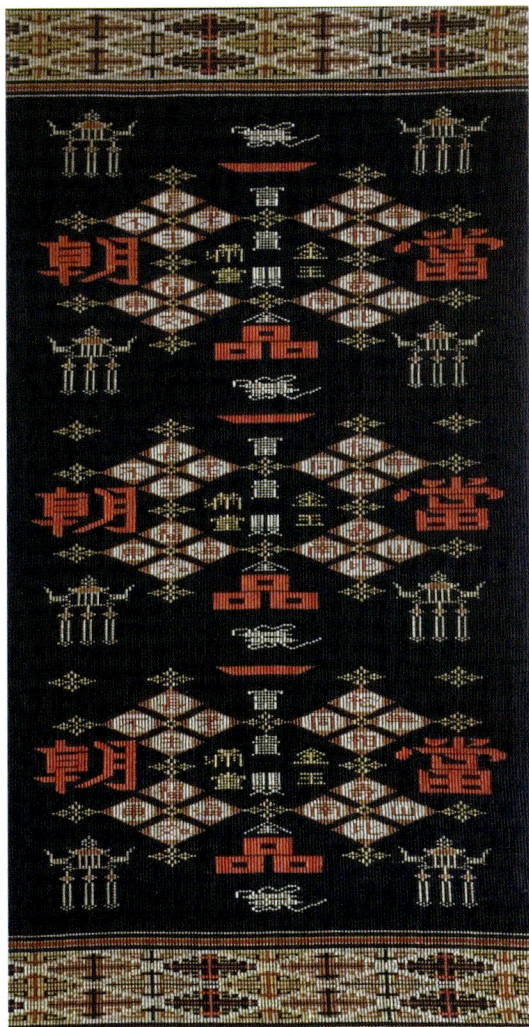

图6-1-19　一品当朝（叶水云作品）

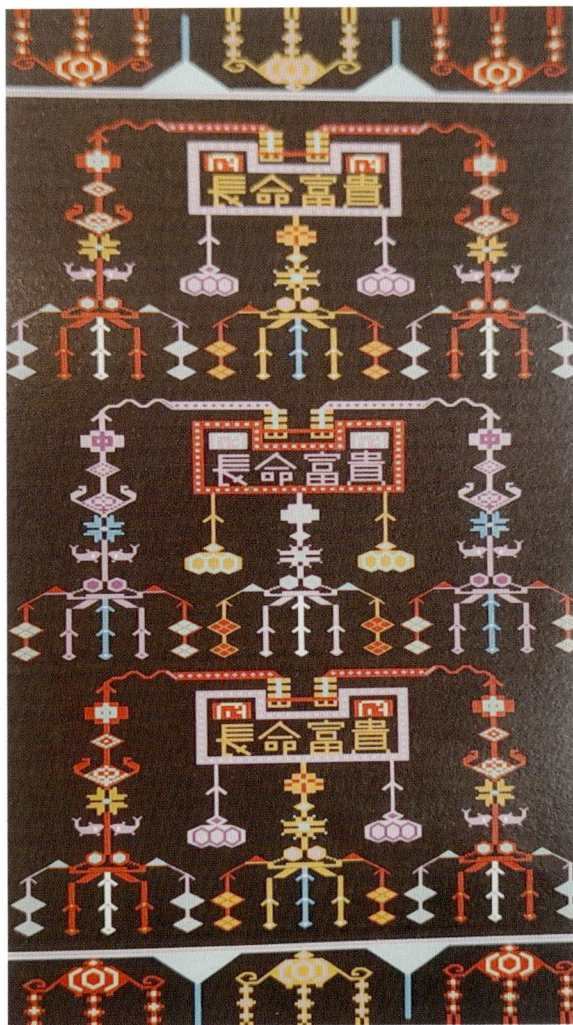

图6-1-20　长命富贵

有金瓜、双鱼、花朵等作为装饰，别有趣味。因土家族数纱花与土家织锦工艺中的平纹结构相同，所以，土家织锦中有的纹样移植了土家族数纱绣纹饰。不足之处在于纹饰基本是照搬照抄，变化不多，略显呆板。

知识点2　土家织锦现代作品赏析

一、《宴乐渔猎水陆攻战图》

在湘西酉水河畔，有一座历史悠久，水运交通方便的军事重镇龙山里耶，这里曾是秦军武器军服的供给基地，是兵家必争之地。

图6-1-21所示的在这幅织锦画卷中，展现了秦汉时期生动丰富的历史画面，图中有采桑的少女，有狩猎的猎人，有捕鱼的渔夫，有宫廷的夜宴，有曼妙的歌舞，也有将士守卫城池的攻战场面。然后，发生了里耶城池被攻破前的故事，将士急匆匆数万枚竹木简埋入古井之中。

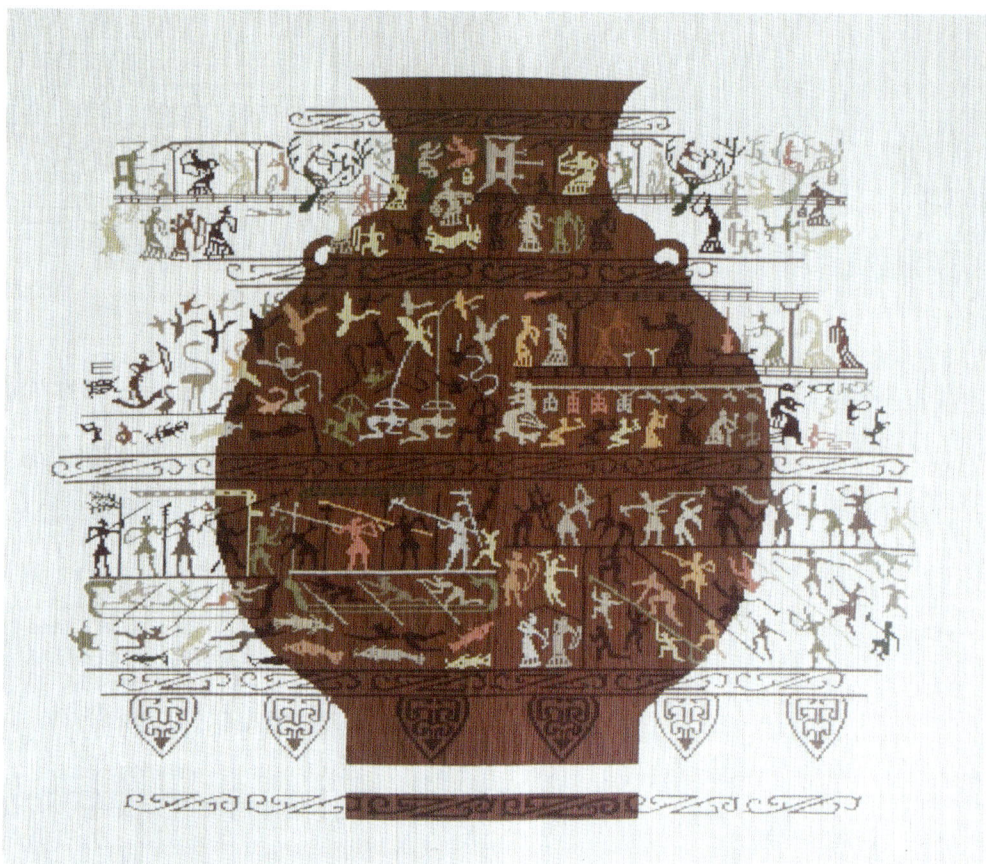

图6-1-21　土家织锦作品《宴乐渔猎水陆攻战图》(叶水云作品)

图6-1-22　土家织锦作品《和平女神》

二、《和平女神》

图6-1-22所示的《和平女神》是一幅装饰性很强的作品。画中人物的脸、手以及服装受光面和背光面的过渡处理，突出了画面的立体效果。传统土家织锦的色彩一般都是平面的，叶水云尝试采用织"半格"工艺和"色彩推移"方法，把人物的五官和手采用"横半格，竖半格"的不同颜色纬线织出来，在服装的受光面和背光面处用近似色慢慢过渡为需要的颜色。

三、《祈祷和平》

图6-1-23所示的土家织锦是根据丁绍光先生的装饰画《祈祷和平》创作的，传统土家织锦都是用色块来表现的，这种色彩丰

富的装饰画，土家织锦传统技法无法达到，要采用特殊技法完成，在织平面的过程中进行色彩过渡时，融入类似色，需要浅颜色，则多加浅色，使其过渡自然，尽量融为一体。其中五官和手的线条有的是由粗到细，要采用一格里面"横半格、竖半格"各织一种色，才能使线条过渡自然真实，不至于使颜色呈现单调乏味之感。通过"半格工艺"和"色彩推移"法拓宽了传统土家织锦在现代语境下的表现方式。

四、佛教系列作品

因土家织锦的平纹工艺是由马赛克一样的格子组成，竹筘的规格一般为22~23，宽度在50cm左右，按这个规格织造，佛像上的人物图像织得不完整，人物形象不精致。图6-1-24所示的佛像是叶水云老师通过多次试织，把竹筘改为很密、很匀称的规格，在一定的宽度范围内把人物及服饰全部织上去，织造过程中，人物的五官和手有线条粗细的变化，如眉毛、鼻子等线条采用半格工艺，即一格中纵格子采用两种颜色、横半格也采用各占一半的两种颜色，这种工艺使土家织锦更加精致，人物造型更加逼真。

图6-1-23　土家织锦作品《祈祷和平》

图6-1-24　土家织锦佛教作品

图6-1-25 土家织锦作品《苗家姑娘采蘑菇》

图6-1-26 土家织锦作品《年年有鱼》

五、《苗家姑娘采蘑菇》

图6-1-25所示《苗家姑娘采蘑菇》是一幅现代装饰图案的织锦，主要用平纹组织形式设计。

从色彩上考虑到装饰图案的特点，采用明快的色彩，用原白色做底色，头帕用黑色加浅黄色条纹，衣服用深蓝色，衣服的花纹根据民族服饰设计了不同颜色的鲜艳花纹，苗族姑娘在日常劳作时，通常会穿一件制作精致的围裙，胸前绣制很多花朵，起到装饰作用。

背篓的外形是用山竹编织的花纹，山上的蘑菇用不同的形状装饰美化，在四个角用四只蝴蝶进行装饰，使画面显得更加生动，再加上不同色彩的外边框，使主题更突出。

六、《年年有鱼》

图6-1-26所示的织锦作品《年年有鱼》是"年年有余"的谐音，是根据民间习俗、民间年画创作的。是中国传统吉祥祈福最具代表性的语言之一。

作品中除了主题画面，胖娃娃抱鱼，上下画面设计了装饰花边，上面花边的纹样用凤凰来装饰，下面花边用水波纹来装饰，上下花边处留出一些空白布边，这样使整个画面具有立体感。鱼采用玫瑰红，很鲜艳突出；花边采用土黄色，使整个画面显得喜气洋洋，适合主题"年年有余"。

◎ 工作任务实施

工作任务　土家织锦作品赏析

学生工作手册

▶ 工作情景描述

在艺术长廊中，中国传统工艺美术品具有很高的识别度。鉴赏离不开对产品造型的深入解读，通过造型能了解传统工艺美术的创作原则，了解当时的工艺技术水平和所处时代的文化观念。以鉴赏土家织锦作品的图纹造型为主线，探究传统工艺的三个特点：功能与美观的统一、材料与技术的协调、历史与文化的传承。

▶ 学习目标

1. 素质目标

（1）提高学生的审美水平和人文素养，增强文化自信。

（2）具有感受、体验、鉴赏艺术美的审美能力。

（3）具有正确的审美观念。

2. 知识目标

（1）了解土家织锦传统纹样的寓意和创作思想。

（2）理解土家织锦传统作品和现代作品的不同特色及造型发展的相关知识。

（3）了解赏析的方法，掌握土家织锦特点。

3. 能力目标

（1）提高对土家织锦作品的鉴赏能力和审美能力。

（2）能运用所学知识正确鉴赏和评价土家织锦作品。

▶ 建议课时

2 课时

▶ 工作流程与活动

工作活动 1：资料查阅（课前自学）。

工作活动 2：土家织锦传统纹样赏析（1 课时）。

工作活动 3：土家织锦现代作品赏析（1 课时）。

工作活动 4：工作任务评价与总结。

工作活动 1　资料查阅

一、活动思考

思考 1：为什么要赏析土家织锦作品？

思考 2：土家织锦的艺术价值和文化价值体现在哪些方面？

二、思想提升

　　著名的思想家和教育家孔子，把当时用来规范社会制度以及伦理观念的"礼"和进行艺术审美教育的"乐"相提并论，都放在当时学习的"六艺"中，儒家思想认为，礼可以安国治民，乐可以移风易俗，礼乐相辅相成可治理好国家。如何理解中国艺术的美学精神与文化内涵。

三、活动实施

活动步骤	活动要求	活动安排	活动记录
第一步 土家织锦艺术教育意义	查阅资料，探索艺术教育的意义，了解赏析土家织锦的目的和意义	具体活动： 通过网络、书籍等查阅资料	资料查阅中记录有效资料信息
第二步 土家织锦的艺术价值和文化价值	看微课，赏析土家织锦作品 知识链接： 　　植物类纹样　　　勾纹类纹样 　　动物类纹样　　　现代作品赏析	具体活动： 通过网络、书籍等查阅资料	记录微课学习中的重点、难点和疑点，查阅资料中的重要信息

四、活动评价

一级指标	二级指标	评价内容	权重	自评	互评	教师评
工作能力（30分）	思维能力	能够从不同角度提出问题，并考虑解决问题的方法	1			
	自学能力	能够通过自己的知识和经验，独立地获取新的知识信息；能够通过自己的感知，正确地理解新知识	4			
	实践操作能力	能够根据获取的知识完成工作任务，能够规范、严谨地撰写作品观后感	12			

一级指标	二级指标	评价内容	权重	自评	互评	教师评
工作能力（30分）	创新能力	在小组讨论中能够与他人交流自己的想法，敢于标新立异；能够跳出固有的知识，提出自己的见解，培养自己的创新能力	5			
	表达能力	能够正确地评价并赏析土家织锦作品	5			
	合作能力	能够为小组提供信息，阐明观点，总结欣赏作品的能力	3			
学习策略（20分）	学习方法	根据本次任务调整自己的学习方法，进一步提高对土家织锦作品欣赏能力	10			
	自我调控	能够正确地运用各种学习资料和方法来评价作品的优点和不足之处	10			
作品得分（50分）	职业岗位能力	能在企业、行业撰写土家织锦作品的寓意，并具有赏析作品的能力	50			
总评						

工作活动2　土家织锦传统纹样赏析

一、活动实施

活动步骤	活动要求	活动安排	活动记录
第一步 选择作品	收集土家织锦传统纹样并进行分类，选择一种纹样并找出不同呈现方式的作品	具体活动：土家织锦传统纹样分类	记录土家织锦传统纹样的分类和代表作品
第二步 鉴赏土家织锦	通过查阅资料，对选择的土家织锦传统纹样的不同呈现方式（构图、图案、配色、形式、工艺等）进行分析；分析一幅土家织锦的图案特征、艺术家构思、材料和特色等	具体活动：查阅资料，分析土家织锦纹样、色彩和工艺的关系	记录与分析作品相关的资料
第三步 撰写赏析文案	对土家织锦传统纹样作品进行分析并撰写纹样介绍、作品分析和艺术特色等赏析文案	具体活动：撰写土家织锦传统纹样作品赏析文案	记录与撰写作品赏析文案相关的重点

二、活动评价

一级指标	二级指标	评价内容	权重	自评	互评	教师评
学习过程（60分）	思维能力	分析土家织锦作品的艺术元素和设计思路，能够在日后的作品创作中加以运用	10			
	自学能力	能够在规定时间内通过自学线上资源，完成自测	10			
	实践操作能力	能运用资料和信息，分析赏析文案的创意和结构，并以得当的文字完成作品赏析文案	10			
	创新能力	在小组讨论探究过程中，能够与他人交流自己的想法，敢于标新立异	10			
	表达能力	能够表述自己对作品的见解并分享自己的作品赏析文案	10			
	合作能力	能够与小组其他成员合作，互相交流自己的赏析文案	10			
作品得分（40分）	职业岗位能力	赏析土家织锦作品	20			
		汇报并交流赏析文案	20			
总评						

工作活动3　土家织锦现代作品赏析

一、活动实施

活动步骤	活动要求	活动安排	活动记录
第一步 选择作品	收集土家织锦现代作品并进行分类，并选择一幅作品进行赏析	具体活动：土家织锦现代作品类型分析	记录土家织锦现代作品的分类

活动步骤	活动要求	活动安排	活动记录
第二步 鉴赏土家织锦	通过查阅资料，对选择的土家织锦现代作品的构图、图案、配色、形式、工艺等进行分析	具体活动：查阅资料，分析土家织锦现代作品	记录与分析作品相关的资料
第三步 撰写赏析文案	对土家织锦现代作品进行介绍，并从艺术特色等方面撰写赏析文案	具体活动：撰写土家织锦现代作品赏析文案	记录与作品赏析文案相关的重点

二、活动评价

一级指标	二级指标	评价内容	权重	自评	互评	教师评
学习过程（60分）	思维能力	能够正确评价作品存在的问题，并提出解决方法，能够并在日后自己的作品中加以运用	10			
	自学能力	能够在规定时间内通过自学线上资源，完成自测	10			
	实践操作能力	能运用资料和信息，分析赏析文案的创意和结构，并以合适的文字表达对织锦作品的评价	10			
	创新能力	能够与他人交流自己的想法，敢于尝试用新视角去分析作品	10			
	表达能力	能够阐述自己对作品的理解和认知，并能分享自己撰写的文案	10			
	合作能力	能够与小组其他成员合作，查阅、整理、修改并完成赏析文案的撰写	10			
作品得分（40分）	职业岗位能力	撰写作品赏析文案	20			
		汇报并交流赏析文案	20			
总评						

工作活动 4　工作任务评价与总结

一、评价

指标	评价内容	权重	自评	互评	教师评	企业评
工作活动探学（45分）	线上讨论情况	15				
	线上视频观看情况	15				
	线上自测题完成情况	15				
课中任务（40分）	土家织锦传统作品赏析文案	15				
	土家织锦现代作品赏析文案	25				
课后拓展（15分）	企业满意度	15				

二、总结

资料查询运用	进步	
	欠缺	
赏析文案撰写能力	进步	
	欠缺	
赏析文案汇报能力	进步	
	欠缺	
改进措施		

参考文献

［1］田明.土家织锦［M］.北京：学苑出版社，2008.

［2］左汉中.民间织锦［M］.长沙：湖南美术出版社，1994.

［3］陈日红.中国工艺美术大师全集：叶水云卷［M］.合肥：安徽美术出版社，2020.

［4］吴朋波.旅游纪念品设计［M］.北京：人民邮电出版社，2014.